中国科学家爸爸思维训练丛书

给孩子的物理启蒙课

祝磊◎著

中国妇女出版社

图书在版编目（CIP）数据

给孩子的物理启蒙课 / 祝磊著. -- 北京 ：中国妇
女出版社，2022.7
（中国科学家爸爸思维训练丛书）
ISBN 978-7-5127-2139-5

Ⅰ.①给… Ⅱ.①祝… Ⅲ.①物理学－少儿读物
Ⅳ.①O4-49

中国版本图书馆CIP数据核字（2022）第101898号

责任编辑：肖玲玲
封面设计：尚视世觉
责任印制：李志国

出版发行：中国妇女出版社
地　　址：北京市东城区史家胡同甲24号　　邮政编码：100010
电　　话：（010）65133160（发行部）　　65133161（邮购）
邮　　箱：zgfncbs@womenbooks.cn
法律顾问：北京市道可特律师事务所
经　　销：各地新华书店
印　　刷：北京通州皇家印刷厂

开　　本：165mm×235mm　1/16
印　　张：12
字　　数：175千字
版　　次：2022年7月第1版　　2022年7月第1次印刷
定　　价：59.80元

如有印装错误，请与发行部联系

自序

物理是什么？《现代汉语词典》（第7版）有两条解释：一是指事物的内在规律，事物的道理；二是研究物质运动最一般规律和物质基本结构的学科。

解释之一是中国古人的看法，比如大诗人杜甫写过"高怀见物理""细推物理须行乐"的诗句，其中的"物理"指事物的规律、道理，属于"国学"或者"中学"的范畴。

解释之二是在近代西学东渐之后，根据"物理"的传统定义生发出的新含义——物质的运动规律和基本结构，也就是我们现在说的"物理学"，算是"西学"的内容。

那么，物理包括哪些内容呢？人民教育出版社的初中物理教材就将它划分为力学、热学、声学、光学和电学五个门类。为了更好地衔接初中物理学习，我在本书中也采用初中物理教材的分类标准。作为一本物理启蒙类读物，本书讲的知识基本上不超出初中物理教材，只是讲法有所不同。

一是结合古诗讲物理。

古诗当然属于"中学"。很多古诗中描述了物理现象，这是古人在作诗时发现了物理中的诗意，而我们今天发现了诗意中的物理。我希望能够将古诗这样的"中学"与物理这样的"西学"结合起来，把物理讲得更有趣一些。

所以，我会从项羽的"力拔山兮气盖世"出发，探讨他究竟有多大力气，到底是不是力能扛鼎；从《诗经》的"蒹葭苍苍，白露为霜"谈到物态变化，露水到底是怎么形成的；从《木兰诗》的"唧唧复唧唧，木兰当户织"讲到声音的产生，振动是怎么回事；从白居易《琵琶行》的"嘈嘈切切错杂弹，大珠小珠落玉盘"说到声音的音调和音色，它们跟振动的频率和波形有什么关系。

二是结合日常讲物理。

最初的物理知识来源于人们的日常生活，比如古希腊百科全书式的大学问家亚里士多德认为"重的物体下落得比轻的物体快"，就是通过观察日常生活得出的结论（虽然这个结论后来被伽利略推翻）。

如果我们从日常生活现象入手讲物理，就会更便于小朋友理解。而小朋友的日常应该少不了奥特曼和艾莎公主。于是，我特意深入地研究了迪迦奥特曼这样身高53米、体重44000吨的宇宙英雄，到底是用什么物质做成的。我也认真地分析了艾莎公主挥手成冰的魔法，需要多大的功率支持。

小朋友的日常，还少不了写作业。那为什么写作业总觉得时间过得很慢，而玩起来就觉得时间过得很快呢？

三是结合思维讲物理。

物理是人们在不断探索自然的过程中发现的物质的规律和结构的知识总结，这个学科虽然古老，却在持续发展。比如，牛顿的经典力学在一百多年前被认为是颠扑不破的真理，但是爱因斯坦在 1905 年提出了颠覆性的狭义相对论，打破了牛顿的绝对时空观。

所以，我们讲物理，一方面要讲已有的物理知识，另一方面还要讲物理的思维方法。爱因斯坦为什么能够不囿于成见、大胆创新？因为他敢于思考、善于思考和乐于思考。我在本书中不光讲物理知识，也讲这些知识是如何思考得来的。比如，牛顿是怎样思考引力问题的？我尽量用小朋友能够理解的方式讲清楚牛顿的思维过程，争取在授人以鱼的同时，也授人以渔。

我希望，经过这样的努力，这本书能成为一本有趣的物理书。像杜甫写的那样，"细推物理须行乐"，谈论物理是一件开心的事情。物理不是冷冰冰的，而是活泼泼的。两千多年前，亚里士多德跟学生一边散步一边讲课，因此他们被称为"逍遥学派"。但愿这本书也能成为小朋友跟父母一边散步一边谈论的话题。

同时，我也希望，这本书是一本有料的物理书。每篇文章都讲述了基础的物理知识，并在末尾敲黑板划重点，都是考点！也"买一送一"出了测试题，考查小朋友有没有掌握该篇内容。

两年前，我给小朋友写了一本《给孩子的历史思维课》。这本书获得了科技部"2020年全国优秀科普作品"的荣誉称号。这也给了我继续写作的动力，按牛顿第二定律，它让我产生了加速度。希望这个加速度带来高能量，让这本书获得更多读者的喜爱。

两年过去了，一些事物起了变化，一些没有。比如，小朋友大了两岁，我老了两岁，我们的年龄变化了，但我们的年龄差不变。物理学也研究变与不变、守恒与不守恒。利用物理知识，既能制造出杀人的原子弹，也能制造出救人的 γ 刀。希望小朋友学好物理，把知识用在救人上。

我在《给孩子的历史思维课》的自序中这样写道："我们是世界的未来，肩负着建设未来世界的重任，学会了很多的技能，就要利用这些技能来爱护别人、造福世界，而不是欺负别人。唯其如此，这个世界才会越来越美好。"

两年以后，我这个想法还是没有变，希望这个世界会越来越美好！

祝磊

2022 年 5 月 25 日于北京

目录

第一章 力学原来这么简单

西楚霸王项羽说自己"力拔山兮气盖世"，他为什么有那么大力气？是他的力气让山发生运动了吗？可我们平常看到的山都是一动不动的。如果有一天，一座山从天而降，它下降的速度有多快？会比鸡毛落得快吗？会比迪迦奥特曼落得快吗？迪迦体重44000吨，他是用什么材料做的？迪迦飞行速度高达10马赫，他是用右脚踩左脚的方法飞上天空的吗？看完本章，你就有答案了。

第一章

力学原来这么简单

我自岿然不动——静止和运动

2020 年春节期间，网络上流行一个段子："初一一动不动，初二按兵不动，初三纹丝不动，初四岿然不动，初五依然不动，初六原地不动，初七继续不动。几时能动？钟南山说动才动！"

大家都懂是什么意思，因为新冠肺炎疫情防控，所有人待在家里不要动。

"敌军围困万千重，我自岿然不动。"我们不动，新冠病毒就接触不到载体，无法传染。这是用物理学的方法来阻断新冠病毒的传播。

那物理学上的"不动"究竟是什么意思呢？

物理学上，我们用"静止"这个术语来表明"不动"的状态。所谓"静止"，就是指一个物体相对于某个参照物的位置不发生变化。

跟"静止"相对的是"运动"，显而易见，"运动"就是指一个物体相对于某个参照物的位置发生变化。

"静止"和"运动"都是一个物体相对某个参照物来讲的。离开了参照物，就没有办法判断物体是"静止"还是"运动"。

● 参照物的选取标准是唯一的吗？

回到开头的段子，岿然不动的物体是什么？相对的参照物又是什么？

在这里，岿然不动的物体是我们的身体，相对的参照物可以是沙发。从大年初一到大年初七，我们天天躺沙发上吃吃喝喝、打游戏和看电视。

我说参照物"可以"是沙发，暗含的意思是参照物也可以不是沙发。比如，选取房子、电视机作为参照物，我们同样也是处于相对静止的状态。

所以，参照物的选取不是唯一的，可以选取任意物体作为参照物。相对不同的参照物，一个物体是"静止"还是"运动"并不是一成不变的。前面我们说躺在沙发上时身体是静止的，因为参照物是沙发。如果我们选取窗外行驶的汽车作为参照物，那显然身体相对于行驶的汽车，位置是在不断改变的。

参照物的选取不是唯一的

● 参照物可以是运动的吗？

可能有小朋友会质疑，窗外行驶的汽车本身是运动的，不能作为参照物。之前选取的参照物沙发、房子、电视机都是静止的，才可以作为参照物。

首先我要表扬小朋友的质疑精神，学习一定要有疑问，不能完全相信书上讲的。孟子说："尽信书，则不如无书。"人类的知识是在不断发展的，今天写在书上的内容，可能以后会被证明是错误的。

然后，我们回来讨论小朋友的质疑：运动的物体到底能不能作为参照物？我们注意到，前面提出要通过一个参照物来判断物体是运动的还是静止的，但并没有规定参照物本身必须是静止的。

事实上，要判断参照物是静止的还是运动的，就又得选取另外一个参照物作为这个参照物的参照物。

我们把另外这个参照物记为参照物2，同样地，要判断参照物2是静止的还是运动的，就需要选取参照物3……按这样的操作，就会没完没了，永远停不下来。所以，我们也发现不需要规定参照物必须是静止的，否则你会陷入无限循环。

那为什么小朋友会认为参照物必须是静止的呢？

因为我们选取的参照物相对地球来说通常是静止的，比如前面讲的沙发、房子和电视机。所以我们会习惯说这些参照物本身是静止的，实际上是默认它们相对于地球来说是静止的。

　　而行驶的汽车相对于地球的位置是不断改变的，所以我们习惯说它是运动的。

　　那地球本身是静止还是运动的呢？

　　我相信小朋友已经理解了，这要看地球相对哪个参照物来讲。如果相对我们的沙发、房子、电视机来说，地球也是静止的。如果相对太阳，地球就是运动的。因为我们都知道，地球是绕着太阳转的。

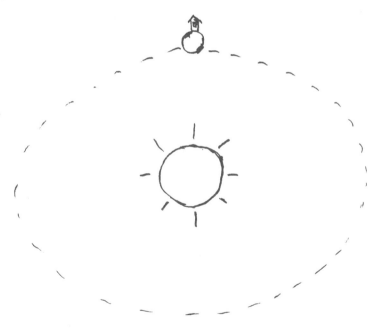

地球绕着太阳转

但是，在古希腊著名的哲学家亚里士多德看来，地球是宇宙中心，是静止不动的，太阳和其他行星都围绕地球转。这种"地心说"的理论流行了很多年，直到哥白尼提出"日心说"后才逐渐被淘汰。而后来的科学家又在哥白尼学说的基础上，认识到太阳也不是宇宙的中心，太阳本身也在绕着银河系中心不断运动变化。

划 重 点

1. "静止"是物体相对某个参照物的位置不发生变化,"运动"是物体相对某个参照物的位置发生变化。

2. 要判断"静止"和"运动",必须明确选取参照物。参照物本身是"静止"的还是"运动"的并没有规定,我们习惯于参照物本身是静止的,是因为我们默认这个参照物相对地球是静止的。

3. 我们的认识是不断发展的,很可能今天我们学的知识,多年以后被证明是错误的。所以,小朋友要大胆质疑书本,不要无条件相信。

(1) 以下物体可以作为参照物的是 ( )。

A. 地球   B. 你   C. 沙发   D. 以上都可以

(2) 以下说法正确的是 ( )。

A. 运动和静止都是相对某个参照物的

B. 运动的物体不可以作为参照物

C. 只有静止的物体才可以作为参照物

D. 地球是静止不动的，所以可以作为参照物

答案：(1) D   (2) A

两个铁球同时落地——自由落体

古希腊伟大的哲学家、科学家、教育家、思想家亚里士多德在他的书中写到自己的观点："重的物体下落比较快。"

这个结论跟我们的日常生活中某些现象是吻合的，比如，我们从高处分别向下扔一个篮球和一根鸡毛，会发现篮球"砰"的一下就掉到地上，然后反弹得老高；鸡毛却在空中飘来飘去，不知道什么时候才能落到地面。篮球比鸡毛重得多，下落得比鸡毛更快。看起来，亚里士多德的结论是正确的。

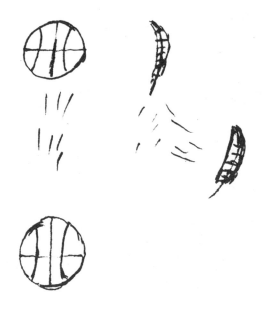

篮球下落得比鸡毛快

在过去很长一段时间里，大家都认为亚里士多德的这个观点是对的，一方面亚里士多德的地位让人不敢质疑，另一方面确实跟人们的常识相符合。

直到 17 世纪，意大利科学家伽利略经过认真深入的思考和推理，认为重的物体和轻的物体下落的速度一样，也就是说物体下落的速度跟物体的重量没有关系。

显然，我们可以用篮球和鸡毛的例子来反驳伽利略。而伽利略的解释是，由于空气阻力的影响，鸡毛下落得比篮球慢。这对今天的人来说，是个常识。但是对400多年前的人来说，空气看不见、摸不着，空气阻力又是个什么玩意儿？人们无法理解这个解释。

• 比萨斜塔实验可能只是一个思想实验

传说中，伽利略为了证明他的理论，在比萨斜塔做过一个实验。

伽利略召集了一大批观众来到比萨斜塔底下。他站在斜塔顶层，一手拿一个铁球，一个重、一个轻。然后他同时放手，两个铁球就齐刷刷地掉下来，同时砸到地面上，砸出了两个大小不一的坑。于是，观众就很信服地点头。伽利略的理论是正确的，亚里士多德的理论被推翻了。这个故事被收入某一版的小学语文课本中，题目叫作《两个铁球同时落地》。

传说中的比萨斜塔实验

然而，"两个铁球同时落地"也许并没有真正发生在比萨斜塔上，因为伽利略本人并没有提到他在比萨斜塔上做过这个实验，虽然他做过很多次自由落体实验。他留下记载的是一个思想实验。所谓思想实验就是在脑海里做的实验，不是在现实世界中真的做实验。

思想实验也是物理学中一种重要的思想方法。

除了伽利略之外，爱因斯坦、薛定谔等大物理学家也提出过一些著名的思想实验。有兴趣的小朋友可以去查一查相关的资料。

● 如何证明亚里士多德的自由落体理论是错误的？

回头说伽利略这个思想实验，大意是将篮球和鸡毛捆绑在一起，同时从高处向下扔。按亚里士多德的理论，重的物体下落更快，那篮球就会下落更快，而鸡毛就会下落更慢。因为鸡毛拖慢篮球的速度，所以篮球和鸡毛整体下落的速度就会比篮球单独下落的速度慢。

同样，按亚里士多德的理论，篮球和鸡毛整体的重量比篮球要大，所以整体下落的速度应该比篮球要快才对。

同样是根据亚里士多德理论，却推理出两个互相矛盾的结论。这就说明亚里士多德的理论有问题啊！

所以，伽利略通过这个思想实验和大量的落体实验，证明了亚里士多德的自由落体理论是错误的。事实上，重物和轻物的自由落体速度是一样的。物体下落的速度跟它的重量无关。

我们还可以更进一步推理，假如有两团橡皮泥，一团重、一团轻，从高处往下扔。然后，把两团橡皮泥揉成一团，再从高处往下扔。这三者的下落速度会怎么样呢？估计亚里士多德要瞠目结舌、无言以对了。

回头再来说篮球和鸡毛，我们现在都能理解，因为空气阻力，导致鸡毛下落得慢。在现实生活中，空气阻力总是存在的。那么有没有办法把空气阻力去掉呢？答案是肯定的。

我们可以设计一个玻璃罐子，把罐内的空气抽掉，一直到接近真空。再在里边同时放进篮球和鸡毛，这样就能看到篮球和鸡毛以同样的速度下落了。

1971 年，阿波罗 15 号的宇航员大卫·斯科特在月球上，一手拿锤子，一手拿羽毛，同时放手，结果它们同时落到月球表面上。

划 重 点

1. 亚里士多德的自由落体理论认为，重的物体比轻的物体下落得快。这个理论是错误的。

2. 伽利略的自由落体理论认为，重的物体跟轻的物体下落速度是一样的。这个理论推翻了亚里士多德的理论。

3. 伽利略运用逻辑推理证明了亚里士多德的自由落体理论存在矛盾。

考考你吧

(1) 鸡毛比篮球下落慢，主要是因为（　　）。

A. 鸡毛比篮球轻

B. 鸡毛比篮球重

C. 鸡毛受空气阻力阻碍的影响更大

D. 鸡毛会飞

(2) 伽利略的思想实验得到的结论是（　　）。

A. 重的物体下落比较快

B. 轻的物体下落比较快

C. 重的物体和轻的物体下落一样快

D. 亚里士多德的自由落体理论是正确的

答案：(1) C　(2) C

右脚踩左脚能上天吗？
——内力与外力

"忽见冯琳右脚在左脚脚背一踏，倏然间身形又凭空拔起三丈，这样三起三落，终于是赞密法师先落到地面，冯琳这才跟着脚尖沾地，登时掌声雷动。"

这是梁羽生的武侠小说《云海玉弓缘》中的一段描写。

小朋友如果按这段文字重复一下冯琳"右脚踩左脚"的动作，你会惊奇地发现，你的身形并没有倏然间凭空拔起三丈，反而是原地不动。这是为什么呢?

是不是因为冯琳是武林高手,内力深厚,她"右脚在左脚脚背一踏",力量很大,而小朋友不会武功,力量太小,所以拔不起来?

● 跳台阶的力学分析

回答这个问题之前,我们不妨先来研究一下小朋友是怎么跳上台阶的。你站在台阶前,双脚用力往地面一蹬,身体就腾空而起,跳上了台阶。台阶的高度一般在 160 毫米左右,这个高度可比三丈(《云海玉弓缘》的时代背景是清朝,当时一丈大约是 3.1 米)低太多了。

冯琳右脚踩左脚,凭空拔起三丈

如果你改用右脚蹬左脚，就会重复刚才的情形，原地不动，连160毫米高的台阶也跳不上去，更别说三丈高空了。

问题在哪儿呢？你跳上台阶时，脚蹬的是地面。虽然是双脚，但实际上你单独用左脚或者右脚蹬地面都可以。改成右脚蹬左脚，被脚蹬的对象从地面变成了左脚。这个改变是最关键的！

地面是你身体之外的物体，我们说大一点，地面是地球的一部分。而左脚是你身体的一部分。脚蹬地面，脚给地面施加一个向下的力。根据牛顿第三定律，作用力和反作用力大小相等，方向相反，作用在同一条直线上，所以地面反过来会施加给脚一个同样大小向上的力。正是这个力推动了你的身体脱离地面，腾空而起。这个力是地面施加给身体的"外力"。

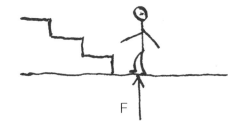

脚蹬地，地面施加给脚向上的力

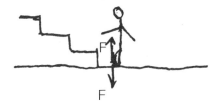

右脚蹬左脚，左右脚的相互
作用是作用力和反作用力

同样，当你右脚蹬左脚，右脚给左脚施加一个向下的力，则左脚给右脚施加一个大小相等向上的力。这个力推动右脚向上加速，可是右脚给左脚施加的向下的力又推动左脚向下加速。于是，右脚向上升，左脚向下降，你的身体要一分为二、分崩离析了？

实际上，把你的身体看成一个整体（事实上也是一个整体），右脚给左脚施加的向下的力和左脚给右脚施加的向上的力都是整体内部的力，我们可以把它们叫作"内力"。注意这个"内力"跟《云海玉弓缘》里冯琳的"内力"不是一回事。至于冯琳的"内力"是怎么回事，得问梁羽生才知道。

从身体这个整体来看，这两个力都作用在身体上，大小相等，方向相反，但在同一条直线上。这两个力就是一对平衡力。按牛顿第一定律，在平衡力的作用下，物体仍然保持原来状态不变。你的身体站在地面上，原来是静止的，那在这对平衡力的作用下，只能仍然保持静止，所以你就原地不动了。

• 冯琳为什么能凭空拔高三丈呢？

我们注意到，冯琳原本身在空中，不是站在地面上。《云海玉弓缘》是这么写的："转眼间冯琳身形落下，离开地面已不到三尺了。"

小朋友们，请想一想，是因为冯琳悬在空中，所以她能"右脚踩左脚"向上飞升吗？

不是这样的！你会发现，我们前面对在地面上跳台阶的力学分析，也适用于在空中的状态。冯琳在空中"右脚踩左脚"，对她的身体这个整体来讲，仍然是施加了一对平衡力，不会改变冯琳的运动状态。所以，按物理世界的法则，冯琳仍然会继续下落，直至地面。但是，按武侠世界的法则，冯琳就可以凭空拔高三丈，因为她有惊人的"内力"啊！

梁羽生写的冯琳这一武功完全违背了物理规律。如果他写冯琳从地面一蹦三丈高，虽然这水平足够拿奥运跳高冠军了，但是并不违反物理规律。只要冯琳蹬地力量够大，是可能一蹦三丈高的。

划 重 点

1.内力和外力。内力是物体内部各部分之间的作用力，外力是外界施加给物体的力。

2.牛顿第三定律。物体甲对物体乙施加作用力，物体乙反过来对物体甲施加反作用力。作用力和反作用力大小相等，方向相反，作用在一条直线上。

3.牛顿第一定律。物体在不受外力或者受到平衡力作用条件下，保持原来的运动状态不发生改变。

（1）（　　）是说作用力和反作用力大小相等，方向相反，作用在同一条直线上。

A. 牛顿第一定律　　　　　B. 牛顿第二定律

C. 牛顿第三定律　　　　　D. 牛顿第四定律

（2）（　　）告诉我们，在平衡力作用下，物体仍然保持原来状态不变。

A. 牛顿第一定律　　　　　B. 牛顿第二定律

C. 牛顿第三定律　　　　　D. 牛顿第四定律

（3）右脚踩左脚，为什么不能上天？（　　　）

A. 蹬的力量太小　　　　　B. 蹬的方向不对

C. 天太高了　　　　　　　D. 没有外力推动

答案：（1）C　（2）A　（3）D

西楚霸王项羽有多大力气？
——质量＝体积×密度

项羽兵败垓下时，作了那首著名的《垓下歌》："力拔山兮气盖世，时不利兮骓不逝。骓不逝兮可奈何？虞兮虞兮奈若何？"

项羽真的力气大到能把山拔起来，像鲁智深倒拔垂杨柳一样吗？

当然，这是夸张的艺术手法。不过，据历史记载，项羽确实力气很大。

且看《史记·项羽本纪》的记载："籍长八尺余，力能扛鼎，才气过人。"秦朝时的一尺大约相当于现在的 0.23 米，所以项羽（项羽名籍，字羽）的身高大约有 1.84 米。按今天的标准，他这身高也是出类拔萃的。所谓"身大力不亏"，他的力气大到能双手举起一个鼎来（"力能扛鼎"的扛是指双手举，而不是用肩膀扛）。

那这个鼎有多重呢？司马迁没写，我们只能猜上一猜。司马迁还写过一个力能扛鼎的人，他是战国时秦国国君秦武王。秦武王举的鼎据说是大禹铸的九鼎之一，名叫龙文赤鼎。这个鼎有多重呢？小说《东周列国志》在讲这个故事时，说鼎有"千钧之重"。

姑且相信小说家言，这龙文赤鼎重一千钧！"钧"是古代重量单位，1 钧等于 30 斤。一斤算 0.5 千克，那一钧就是 15 千克，一千钧就是 15000 千克，也就是 15 吨。15 吨是多重呢？大致相当于 10 辆大众高尔夫汽车！

• 项羽举的鼎究竟有多重？

假如项羽举的鼎真的像龙文赤鼎那样重达 15 吨，我们不妨算一算这个鼎有多大。古代的鼎是用青铜铸造的，青铜的密度大约是 8500 千克 / 米^3。由此推算 15 吨重的鼎体积约为 1.76 立方米，相当于边长约为 1.2 米的立方体。

事实上，鼎并不是一个实心立方体，因为鼎的实用功能是煮肉和装肉，所以它相当于一个大锅。

我们的重量级国宝——商后母戊鼎，高 133 厘米、口长 110 厘米、口宽 79 厘米，重 832.84 千克。

根据科学家的定量成分分析，商后母戊鼎含铜 84.77%、锡 11.64%、铅 2.79%。已知铜的密度是 8900 千克 / 米^3，锡的密度是 7280 千克 / 米^3，铅的密度是 11300 千克 / 米^3，由此可以算出后母戊鼎的青铜材料密度是：

$$8900 \times 84.77\% + 7280 \times 11.64\% + 11300 \times 2.79\% \approx 8707 \text{ 千克 / 米}^3$$

这密度跟我刚才估计的 8500 千克 / 米^3 差不多，差别不到 3%，可以说相当准确了。

如果以商后母戊鼎为蓝本等比例放大，15 吨的龙文赤鼎重量的是商后母戊鼎的 18 倍，其长、宽、高尺寸大约相当于商后母戊鼎的 2.62 倍，也就是高约 349 厘米、口长约 288 厘米、口宽约 207 厘米。

刚才说了，项羽身高 1.84 米以上，那么双臂展开大约也是 1.84 米，这个尺寸好像要双手举鼎有点儿不够长，无从下手啊！

真要举鼎，还是商后母戊鼎这个尺寸比较合适，双手抓住两个鼎耳，大喝一声"起"，鼎就应声而起。

划 重 点

1. 长度单位的换算。秦汉时一尺大约相当于 0.23 米。

2. 质量单位的换算。一钧相当于 30 斤，一斤相当于 0.5 千克。

3. 质量＝体积 × 密度。多种成分物质的平均密度计算方法：用各种成分的密度乘以相应的质量百分比，然后求和。

考考你吧

(1) 秦汉时一尺大约相当于（　　）米。

A. 0.33 米　　B. 0.5 米　　C. 0.23 米　　D. 1 米

(2) 以下说法正确的是（　　）。

A. 质量＝密度 × 体积

B. 质量＝长度 × 密度

C. 密度＝质量 × 体积

D. 密度＝体积 ÷ 质量

答案：(1) C　(2) A

龟兔赛跑——平均速度与即时速度

小朋友应该都听过龟兔赛跑的故事，乌龟爬得慢，兔子跑得快，它们俩赛跑，正常来说肯定是兔子赢、乌龟输。可是兔子在跑步过程中跑跑停停，还睡了一觉。乌龟虽然爬得慢，却一刻不停向前进，结果比兔子先到达终点。

这个故事告诉我们，不要骄傲，不要轻敌。否则，十拿九稳的事情也可能失手。

这是从思想品德的角度来讲龟兔赛跑的故事。如果从物理的角度看，这是平均速度和即时速度的问题。

• 兔子在赛跑中的平均速度和即时速度

速度指物体运动快慢的程度。假如兔子在 1 分钟内跑了 1000 米，那它的速度就是 1000 米 / 分，换算成秒为单位约为 16.7 米 / 秒，换算成小时为单位就是 60 千米 / 时（据说兔子的奔跑速度能达到 70 ~ 80 千米 / 时），相当于汽车的正常行驶速度了。

龟兔赛跑

注意，在这里我们可以看到，速度是根据单位时间内物体运动的直线距离来定义的。这个单位时间可以是秒、分、小时，也可以是更小的时间段如毫秒、纳秒，更大的时间段如天、年等。

而直线距离保证了这个距离是最短的。学过平面几何的同学都知道，两点之间线段最短。如果这段距离不是直线而是曲线，那它一定比直线长，因而在同样的单位时间内，运动的距离比直线更远。而且曲线不是唯一的，连接两点之间的曲线有无数条。

● 兔子的变速直线运动和乌龟的匀速直线运动

回到龟兔赛跑的故事，如果它们俩的赛道是一条直线，那它们俩的速度就很好算，用跑完的距离除以各自所用的时间就可以了。

我们假设这段距离长 6 千米，乌龟花了 10 小时爬完，兔子花了 12 小时跑完，那它俩的速度就分别是 0.6 千米 / 时和 0.5 千米 / 时，乌龟的速度比兔子快。

可是，前面明明说兔子的速度能达到 70 ~ 80 千米 / 时，这跟 0.5 千米 / 时的差距太大了吧。

这是为什么呢？

我们注意到，兔子在整个比赛过程中的运动状态是变化的，它刚起跑时速度很快，达 70 ~ 80 千米 / 时，把乌龟远远甩在后面。然后它以为胜券在握，放心地睡了一觉。它睡觉时，保持静止状态，所以速度是零。等它一觉睡到天黑，醒来跑向终点时，它的速度又恢复到 70 ~ 80 千米 / 时。我们把兔子这种运动状态叫作**变速直线运动**。

而乌龟呢，它保持着向前的节奏坚定不移一直往前爬，在整个比赛过程中一刻也不停歇，我们可以认为它的速度是恒定的，这种运动状态则被称作匀速直线运动。

乌龟的匀速直线运动是一种简单的运动状态，按牛顿第一定律，一切物体都将保持静止或者匀速直线运动状态，直到有外力作用于它。事实上，物体保持匀速直线运动状态，说明它处于受力平衡状态。

兔子的变速直线运动状态是一种相对复杂的运动状态，同样按牛顿第一定律，我们就知道它处于受力不平衡状态，所以出现了速度的变化，也就是有了加速度。

• 速度变化是如何测量的呢？

我们发现，兔子刚开始的一段时间内保持了一个很快的速度，中间的一段时间内它停下来没跑，那就是零速度。所以，实际上，我们在这儿谈的速度都是兔子在一段时间内的平均速度。

假如我们把这个时间段取得很短，就可以想象，这个很短的时间段内兔子运动的距离也会很短，那它的速度在这段时间内就不会有太大变化，因为在很短时间、很短距离内变化的余地很小。

当这个时间段趋向于零时，用这段时间内运动的距离除以这段时间，就得到兔子的即时速度。所以，简单来说，即时速度就是一段很短、短到接近于零的时间段内的平均速度。

兔子的速度为什么会变化那么大？那是因为它的即时速度在急剧变化。

它的平均速度为什么比乌龟还低？那是因为它中间有很长一段时间即时速度为零，拉低了全程的平均速度。

以上我们讲的是直线运动状态，小朋友们想一想，如果是曲线运动状态，跟直线运动状态有什么不同呢？

划 重 点

1. 速度的定义。速度是物体运动快慢的程度，速度 = 直线运动距离 ÷ 时间。

2. 平均速度和即时速度的区别和联系。平均速度是用来粗略描述物体在一段时间内直线运动的快慢情况，即时速度是很短、短到趋近于零的一段时间内直线运动的快慢情况。

考考你吧

（1）高速公路上，汽车的行驶速度是100千米／时，也就是大约（　　）米／秒。

A. 27.8　　　　B. 278　　　　C. 2780　　　　D. 2.78

（2）以下说法正确的是（　　）。

A. 速度＝直线运动距离÷时间

B. 平均速度指一段时间内运动的距离除以时间，不论是直线运动还是曲线运动

C. 即时速度指很短一段时间内运动的距离除以时间，这个很短的时间通常是1秒

D. 即时速度一定大于平均速度

答案：（1）A　（2）A

为什么做作业时感觉时间过得很慢，玩时感觉时间过得很快？——时间

小朋友都有切身体会，做作业时，总感觉时间过得特别慢，以为做了 1 小时，实际却只过了 10 分钟。而跟小伙伴玩的时候，正好反过来，时间过得特别快，明明感觉才玩了 10 分钟，电话手表上显示已经过了 1 小时。

这是为什么呢？从心理学的角度来看，那是因为小朋友觉得写作业比较辛苦，耗费脑力，所以感觉时间走得特别慢。而反过来，玩是让人放松的事，让人很舒服，时间就会在你玩的时候悄悄溜走。

伟大的物理学家阿尔伯特·爱因斯坦提出了另外一种时间的相对快慢理论，就是相对论。当然，相对论是非常高深的物理学理论，远远超出我们物理启蒙的范围。相对论认为时间和空间都是相对的，时间流逝的快慢不是恒定的，而跟观察者的速度有关。而我们的物理启蒙只谈经典物理学的内容，认为时间流逝的快慢跟观察者的速度无关，1 分钟就是 1 分钟，1 小时就是 1 小时。无论观察者静止不动还是接近光速运动，都不影响时间的流逝。

● 时间是如何确定的？

很久以前，人类既没有钟表，也没有手机，只能根据自然界的一些事物来确定时间。比如早上鸡叫，那就该起床了。太阳升起来，该劳动了。但这些确定时间的方法显然不精确，人们就利用太阳一天中因高度不同照在物体上投下的阴影长度不同，制作了日晷。根据日晷上的指针留下的阴影长度和位置来更准确地确定时间。

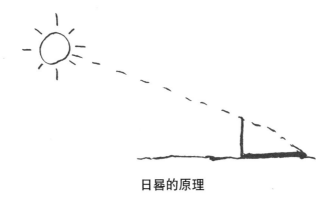

日晷的原理

但是呢，不是每天都是大晴天，遇到阴天或者下雨下雪，日晷就没法用了。那该怎么办呢？

人们想到了用线香来确定时间，线香燃烧的速度是可以控制的，线香烧完就代表着一定的时间过去了。那究竟线香烧完的时间是多久呢？有说是半小时的，也有说是 1 小时的。

此外，人们也根据水从铜壶里滴下来的量来确定时间，这种装置叫铜壶滴漏。

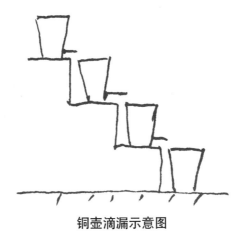

铜壶滴漏示意图

沙漏也是常用的计时工具，直到现在还在用。

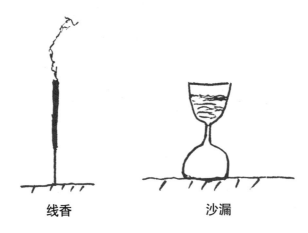

线香   沙漏

但这些方法都不够精确。如果要比较准确地测量时间，比如前面我们讲到的伽利略研究自由落体，就需要比较准确地测量时间。那该怎么办呢？

伽利略当时发现了一个有趣的现象。

他将一根细绳一端固定，另一端拴一个小球，悬挂起来，小球就在最低点保持静止，处于平衡状态。然后他把小球拉离最低点一小段距离，同时保持细线绷直不松弛。接着他放手让小球运动。他发现，小球往复运动的时间是相等的，这个时间跟小球的重量、小球离最低点的距离没有关系，只跟细线的长度有关系。

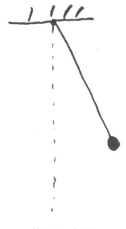

单摆示意图

这个装置叫作单摆，这个现象叫作单摆的等时性。

单摆的等时性原理是指不论摆动幅度（摆角小于 5° 时）大些还是小些，完成一次往复摆动的时间是相同的。

事实上，单摆往复运动的时间叫作周期，这个周期公式是 $T=2\pi\sqrt{\dfrac{l}{g}}$，其中，$l$ 指摆长，g 是当地重力加速度。这个公式是荷兰物理学家惠更斯推导出来的。

利用单摆的等时性，就可以制造更加准确的计时工具，如机械摆钟。

根据惠更斯的单摆周期公式可以计算得到，摆长 1 米的单摆，其周期约为 2 秒。

利用单摆计时对日常生活来说足够准确了，但是单摆由于摆长随温度、受力和空气阻力等因素的影响，存在一定的误差，对精度要求高的计时就不合适了。

因此，1967 年，国际度量衡大会规定了秒的定义：铯 −133 的原子基态的两个超精细能阶间跃迁对应辐射的 9192631770 个周期的持续时间。铯 −133 原子的振动很稳定，大约每百万年只有 1 秒的误差，精度非常高。

划 重 点

1. 时间测量工具的发展。日晷、线香、铜壶滴漏、沙漏都可以用来计时，但准确度不高。

2. 单摆的等时性。伽利略发现，单摆往复运动的时间是固定的。惠更斯推导出了单摆周期的计算公式。

(1) 单摆往复运动的时间只跟（ 　 ）有关。

A. 单摆球的质量

B. 单摆球离最低点的高度

C. 单摆线的长度

D. 单摆球的大小

(2) 单摆球偏离最低点越远, 则（ 　 ）。

A. 单摆球回到最低点的速度越小

B. 单摆球回到最低点的速度不变

C. 单摆球回到最低点所需的时间不变

D. 单摆球回到最低点所需的时间越长

答案：(1) C　(2) C

奥特曼的密度是多少——计算密度

　　奥特曼是很多小男孩心目中的宇宙第一英雄，勇敢无敌，每次都能打败怪兽，守护地球，深受男孩的喜爱，就像我小时候深深痴迷圣斗士星矢一样。

　　如今我当然已经不再沉迷圣斗士或者奥特曼，但为了跟小男生有共同语言，特意去查了奥特曼的历史，发现初代奥特曼诞生于1966年，比圣斗士早将近20年。原来奥特曼才是少年热血漫画的前辈。

　　这位前辈至今英勇不减当年，从昭和系、平成系一直战斗到令和系，不断推陈出新，身高体重从 40 米、35000 吨，增长到 55 米、50000 吨，以瘦为美，与时俱进。

● 算一算奥特曼的密度

既然奥特曼的战斗力那么强，它究竟是什么物质制成的？跟我们凡人的血肉之躯是一样的吗？如果从物理的角度看，那就要算一算奥特曼的密度是多少。

我们先来看看什么叫作密度，以及人们为什么需要计算物质的密度。

在物理学中，某种物质组成的物体的质量与体积之比叫作这种物质的密度。物体质量相同的情况下，体积越小密度就越大，体积越大密度就越小。

说算就算，奥特曼家族人数众多，只有奥特曼资深小专家才能统计清楚，我是搞不清楚的，只能挑一个代表性的奥特曼，比如迪迦。

他的基本参数如下：身高 53 米，体重 44000 吨，BMI 高达 15663.9 [BMI= 体重（千克）÷ 体重（米）^{2}]，而凡人的 BMI 一般为 18 ~ 24，这个数值太低了人就偏瘦，太高了人就偏胖。如果按凡人的标准 BMI，迪迦就是个超级无敌大胖墩儿。

但是从照片来看，迪迦的身材跟我们凡人也差不多，并不是个胖子。那我们就从这儿出发，假定奥特曼的身体比例跟凡人接近。注意：这个假定很重要，是后续推算的基础。

然后，我们选取一个凡人甲的参数：身高 1.7 米，体重 60 千克，这样他的 BMI 约为 20.8，属于适中的身材。

迪迦身高 53 米，相当于将凡人甲从 1.7 米放大到 53 米，而身体各部分的尺寸比例保持不变。这需要用到一点儿图形相似的概念。

比如，一个乒乓球和一个篮球，乒乓球的直径是 40 毫米，篮球的直径是 24.6 厘米，假想将乒乓球像吹泡泡糖一样不断吹大，就能达到篮球那么大。

这个时候，乒乓球的直径变成了原来的 $\dfrac{24.6 \times 10}{40}$ =6.15 倍，那么体积就变成原来的 $\left(\dfrac{24.6 \times 10}{40}\right)^3$ =6.15^3 倍。

依据这个原理，迪迦的体积就是凡人甲的体积的 $\left(\dfrac{53}{1.7}\right)^3$ ≈30302.7 倍，也就是迪迦相当于 30000 多个凡人甲加起来的体积那么大。

那凡人甲的体积是多少呢？

这就需要知道凡人甲的密度。很多小朋友都会游泳，当你游泳技术够好的时候，你就会发现，你是可以一动不动浮在水上的。按照阿基米德浮力定律，这说明人的密度接近水的密度，实际情况也确实如此，凡人甲的密度大约是 1000 千克 / 米 ^{3}。

于是，我们就可以推算出凡人甲的体积是 $\dfrac{60\ \text{千克}}{1000\ \text{千克}/\text{米}^3} \approx 0.06\ \text{米}^3$。

然后，我们就得到迪迦的体积是 $0.06\ \text{米}^3 \times 30302.7 \approx 1818.2\ \text{米}^3$。

最后，用迪迦的体重除以迪迦的体积，就得到迪迦的密度是 $\dfrac{44000 \times 1000\ \text{千克}}{1818.2\ \text{米}^3} \approx 24199.8\ \text{千克}/\text{米}^3$。

这个密度有多大呢？是水的密度的 24 倍多。而地球上密度最大的金属是锇，密度是 22590 千克 / 米³，也就是说迪迦的密度比锇还要大。

据说迪迦来自猎户座，所以组成他身体的物质在地球上不存在也很合情合理，是吧？

至于其他的奥特曼，都可以用这个方法来推算密度，小朋友们自己试试看吧。

• 奥特曼的密度带来的思维方法

小朋友，当你用同样的方法算完所有的奥特曼的密度，是不是很有成就感？但是，如果你到此为止，那就错过了一个修炼升级的好机会。因为从求解奥特曼密度的过程当中，我们可以总结一个典型的思维方法。

在问题的开始，我们已知的基本条件是迪迦的身高和体重，要求迪迦的密度，就需要知道迪迦的体积，因为密度＝质量÷体积。质量是已知的，那就只差体积了。

要怎么求体积呢？我们很容易就想到需要根据迪迦的身高来推算体积，那体积跟身高是什么关系呢？我们知道体积的基本单位是立方米，身高的基本单位是米，所以推测体积跟身高大概是三次方的关系。

然后，我们又发现迪迦的身材看起来跟凡人相似，所以干脆就做了这个假定。

于是，我们根据凡人的体积来推算迪迦的体积。而跟迪迦的密度未知不一样，凡人的密度是已知的（跟水的密度接近），所以我们就可以根据一个身材适中的凡人的体重来求得他的体积。

再根据体积与身高的三次方关系，就可以求得迪迦的体积。

这样就可以求得迪迦的密度了。

归纳起来，就是根据已知条件推理→模型假定→类比→得到答案。

• 牛顿探索万有引力的思维路径

我们都知道，牛顿是伟大的物理学家，他发现了万有引力，那他是怎么发现的呢？简单来说，也是沿着我们归纳的这条路径进行的。

当时已知行星围绕太阳转，但这是什么原因导致的呢？

于是牛顿假定是太阳对行星存在吸引力，跟月球围绕地球转是类似的原因。而在地球表面，苹果会从树上掉到地上，也是因为地球的吸引力。

但月球并没有像苹果一样掉到地球上，又是为什么呢？

因为月球相对地球有速度，而且速度很大，而苹果相对地球是静止的。如果苹果相对地球有速度，结果也许会不一样。

比如，我们把苹果扔出去，就会发现扔出的苹果速度越快，苹果落地的距离就越远。假如苹果的速度大到一定程度，那它不就有可能飞出地球，再也不回来了吗？

所以，牛顿就沿着这一条思维路径，得出了万有引力的规律。当然，要建立万有引力的定量计算公式，需要复杂的数学推理，远远超出初中物理的范围了。

划 重 点

1. 密度是物质的一种物理属性，指物质的质量与体积之比，单位是千克/米^3，例如水的密度是1000千克/米^3。

2. 两个形状相似的物体，如果边长的比例是1：n，则面积的比例是1：n^2，体积的比例是1：n^3。

3. 一种思维方法：根据已知条件推理→模型假定→类比→得到答案。

(1) 假设你的身高是 1.4 米，体重是 35 千克，那你的 BMI 大约是（   ）。

A. 17.9   B. 179   C. 1790   D. 17900

(2) 假设甲、乙两个物体形状是相似的，甲的高度是乙的两倍，则甲的体积是乙的（   ）倍。

A. 2   B. 4   C. 6   D. 8

答案：(1) A (2) D

如果你想吃冰激凌，艾莎公主只要动动手指就能"滴水成冰"，她就是一个行走的"电冰箱"。电冰箱是怎样工作的？冰激凌在夏天的大太阳下很快就化了，冰又变成了水。太阳离我们有 1.5 亿千米，它是如何做到对冰激凌的远程"攻击"的呢？太阳虽然厉害，却不能直接把水烧开，那要烧开水，该怎么做呢？用太阳灶、小火炉、电炉、电磁炉还是微波炉？看完本章，你就有答案了。

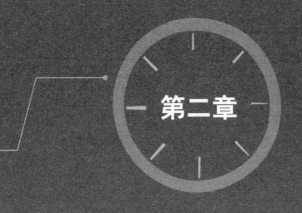

第二章

热学真好玩

蒹葭苍苍，白露为霜——物态变化

　　《诗经》中有一首诗名为《蒹葭》，开头两句是"蒹葭苍苍，白露为霜"。意思是说芦苇长得茂盛，露水结成了霜。《千字文》中有"云腾致雨，露结为霜"，说的也是露水结成了霜。

　　如果从物理学的角度看，露水是水，霜是冰，液态的水结成固态的冰就是凝固现象。

• 六种物态变化

物态变化是物质在各种状态之间的变化，凝固现象是物态变化的一种。物质常见的状态包括气态、液态和固态 3 种。而物质不常见的状态还有超固态、等离子态、中子态等，这些超出了普通物理的范围，我们这里就不讲了。

这里我们只讨论气态、液态和固态 3 种状态的相互转化。从数学的角度看，它们的排列组合有 6 种可能。

1. 气态变为液态，这叫液化；

2. 气态变为固态，这叫凝华；

3. 液态变为气态，这叫汽化；

4. 液态变为固态，这叫凝固；

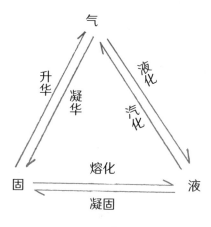

物态变化关系图

5. 固态变为气态，这叫升华；

6. 固态变为液态，这叫熔化。

在物理世界里，这6种物态变化都是存在的。

• 霜是怎么来的？

比如刚才我们说的露水，初中物理教材上说露水是"空气中的水蒸气遇冷凝结成的小水滴"，这就是说露水是水蒸气液化形成的。

初中物理教材上还说"我国北方秋、冬两季，有时地面和屋顶会出现霜……这些都是凝华现象"，这就是说霜是水蒸气直接变成固态冰而形成的。

看到这儿，你有没有感觉奇怪？开头的诗歌中说露水凝固成霜，现在又说水蒸气凝华成霜。

凝固还是凝华？一字之差，大有不同！霜到底是露水变的，还是水蒸气变的？

从逻辑上讲，霜既可以由露水变成，也可以由水蒸气变成，两者并不矛盾。

在实际的物理世界里，我们看到的露水一般是球形水珠，附着在植物叶子上。如果夜晚温度降低，露水冻成冰，变成"冻露"，形状还是球形。而我们通常见到的霜是一种冰晶，形状是扁平的，接近雪花。

所以，我们认为，霜不是由露水凝固形成的，而是由空气中的水蒸气在环境温度降到冰点以下凝华而成。

露水形成是因为空气中水蒸气达到饱和，也就是空气再也容不下这么多水蒸气了，水蒸气就转变为液态水。空气温度越低，空气能够容纳的水蒸气越少，所以露水也是在气温降低后出现。但是这个温度要比结霜的温度高，这个温度叫作露点。

● 温度指什么

我们把标准大气压下冰水混合物的温度定为 0 摄氏度，沸水的温度定为 100 摄氏度，而中间均匀分为 100 份，每份代表 1 摄氏度。按这个规定，冰的熔点是 0 摄氏度，水的沸点是 100 摄氏度。

这里"摄氏"指的是摄尔修斯，他是瑞典天文学家，在 1742 年提出将标准大气压下冰水混合物的温度定为 100 摄氏度，沸水的温度定为 0 摄氏度。在他提出这个方案之后，大家用起来觉得别扭，就把他的方案颠倒了一下，便变成了今天这样的规定。

除了摄氏温度，还有华氏温度，这是德国人华伦海特在 1724 年提出的。他将标准大气压下冰水混合物的温度定为 32 华氏度，沸水的温度定为 212 华氏度，中间等分为 180 份，每一份代表 1 华氏度。美国常用华氏温度而不用摄氏温度。

所以，很容易就得出华氏温度和摄氏温度的换算关系：

华氏温度 $= \left(\dfrac{9}{5}\right)$ 摄氏温度 $+32$

在物理研究中，通常用开氏温度。这是开尔文勋爵在 1848 年提出的，理论根据是热力学第二定律。开氏温度跟摄氏温度的换算关系是：

开氏温度 $=$ 摄氏温度 $+273.15$

那么，开氏温度跟华氏温度的换算关系是怎样的呢？小朋友们可以算一算。

● 温度影响物质的状态

我们发现温度跟物质的状态直接相关。温度高的时候，水是液态或者气态；温度低的时候，水变成固态。这是为什么呢？

我们知道，温度表示的是物质的冷热程度，这是宏观的表现。在微观上，温度代表物质内部分子的运动剧烈程度。**温度越高，分子运动越快；温度越低，分子运动越慢。**

固体能够保持固定的形状，液体能够流动，气体能够自由扩散，没有一定的形状。这都跟分子在不同温度下的运动速度有关。当温度足够高时，常见的固体物质都会液化、汽化。比如金属钨，熔点超过

3400 摄氏度，是熔点最高的金属，其沸点超过 5900 摄氏度。

反过来，当温度足够低时，物质都可能液化乃至固化。比如氦气，常温下是气态，空气里就有很少量的氦气存在。当温度低到 –268.9 摄氏度时，氦气就转变为液态。氦气是地球上最难液化的气体。如果要把氦气转化为固态，则需要把温度继续降低到 –272.2 摄氏度，而且需要对它加压才行。

那么，温度还能继续降低吗？低温有个极限，叫作绝对零度，就是 –273.15 摄氏度。理论上，达到这个温度时，分子运动就停止了。

再往下降温？不能想象了……

对此有兴趣的小朋友，可以去查一下热力学第三定律的相关内容。

那么，温度能无限升高吗？

划 重 点

1.物质常见的3种状态（气态、液态和固态）的相互转化包括6种物态变化：液化和汽化，凝固和熔化，升华和凝华。在相同的压强下，这些变化的主要影响因素是温度。

2.3种温度单位：摄氏度、华氏度和开氏度。

3.对"露结为霜"的分析。霜是由水蒸气凝华而成，而不是由露水凝固而成。

考考你吧

(1) 升华是指（　　）。

A. 气态变为液态　　　B. 液态变为气态

C. 固态变为气态　　　D. 气态变为固态

(2) 华氏温度100度对应于摄氏温度约为（　　）度。

A. 3.78　　B. 37.8　　C. 378　　D. 3780

(3) 霜是如何形成的？（　　）

A. 露水凝固而成　　　B. 水蒸气液化而成

C. 水蒸气凝华而成　　　D. 冰融化而成

答案：(1) C　(2) B　(3) C

怎样烧开水？——热传递

我们小时候都听过瓦特的故事：

有一次，小瓦特在厨房陪祖母做饭，灶上正烧着一壶开水，开水沸腾后，壶盖"啪啪啪"地响，不停地往上跳动。他观察了好半天，感到很奇怪，猜不透这是什么缘故，就问祖母："奶奶，壶盖为什么跳动呢？"

据说，瓦特后来受此启发，改良了蒸汽机，由此引发了第一次工业革命。

● 从物理学角度看烧开水

烧开水最简单的方法就是支起一个小火炉，炉上放一个水壶，烧一段时间，壶里的水就咕嘟咕嘟冒泡了，也就是沸腾了。

通过火炉来烧开水，从物理学的角度看，它是一个热传导的问题。热量从高温的火炉（可能是烧煤的）传递到低温的水壶，通过水壶传递到更低温的水壶里的水，水吸收热量，温度不断升高，直至达到水的沸点，开始冒泡沸腾。

标准大气压下，水的沸点是 100 摄氏度。

这种通过物体直接接触传递热量的方式叫热传导。

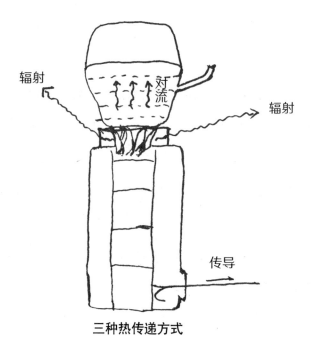

三种热传递方式

火炉的火焰跟水壶直接接触，水壶跟水也是直接接触（注意：水壶跟水之间还存在着对流这种热传递方式）。

液体或气体中较热部分和较冷部分之间通过循环流动使温度趋于均匀的过程叫作对流。物体因自身的温度而具有向外以电磁波的形式发射能量，这种热传递的方式叫作辐射。

● 热效应与焦耳定律

第一次工业革命时用的燃料是煤炭，所以烧开水用火炉。

第二次工业革命时用电，所以烧开水就可以用电炉。

生活中常见的电炉有一圈一圈的电阻丝，它利用电的热效应来加热。

定量计算电的热效应需要用到焦耳定律。焦耳定律是这样说的：电流通过导体产生的热量跟电流的二次方成正比，跟导体的电阻成正比，跟通电时间成正比。

这个定律是焦耳通过实验发现的，所以叫焦耳定律。当时，他把通电电阻线圈放入水中，测量不同电流强度和电阻下的水温。水从线圈中获得热量，温度升高，根据公式就可算得水吸收的热量，也等于电阻释放的热量。

焦耳在物理学上作出了巨大贡献，人们为了纪念他，用焦耳作为功和能量的单位。

1 焦耳 =1 牛顿 ×1 米 =1 安培 ^{2}×1 欧姆 ×1 秒。

你会发现，力学的单位跟电学的单位经过组合，居然相等。

这是为什么呢？

因为 1 牛顿 ×1 米相当于 1 牛顿的力作用在物体上沿力的方向发生 1 米的位移，力做的功是 1 焦耳。

1 安培 ^{2}×1 欧姆 ×1 秒相当于 1 安培的电流通过 1 欧姆的电阻，经过 1 秒钟，电流做的功也是 1 焦耳。

机械力和电流都能做功，也都能转化为能量，比如热量。

实际上，焦耳通过实验还发现了机械功和热量之间的转换关系。他采用一个重物带动叶片旋转，搅动容器里的水，使得水的温度升高。根据重物下降的高度，可以算得机械功；根据水温升高，可以算得热量。

这跟发现焦耳定律的实验思路是相似的，焦耳定律实验是把电能转换成热能，这个实验是把机械能转换成热能。于是，焦耳通过这个实验，发现 1 卡 =4.157 焦耳。这就是热功当量。

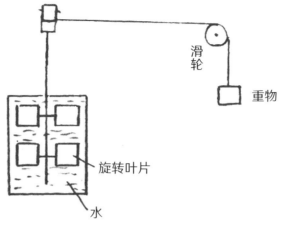

滑轮

重物

旋转叶片

水

焦耳测定热功当量实验示意图

• 物理学改变了烧开水的方式

有一首流行歌曲叫作《燃烧你的卡路里》，这个卡路里就是"卡"。1卡定义为在标准大气压下，将1克水升高1摄氏度需要的热量。

焦耳通过电能、机械能与热能的转换实验，不仅发现了它们之间定量的转换关系，而且建立起能量守恒的观念。

能量只能从一种形式转化为另一种形式，既不会凭空产生，也不会凭空消失。水之所以温度升高，热量增加，是因为从电阻丝吸收了热量，吸收了叶片摩擦产生的热量。而这些热量来自电流产生的电能和重物下降产生的机械能。

电炉烧开水时，电阻丝温度很高，烧得发红，使用起来不是太安全。随着科技的进步，人们发明了电磁炉。电磁炉就看不到发红发热的部件，使用起来安全多了。

那电磁炉是利用什么原理烧开水的呢？顾名思义，它肯定是利用"电磁"来烧开水。我们知道，变化的电场会产生磁场，而反过来，变化的磁场会产生电场。

电磁炉就是利用电磁感应来产生热量。具体来说，电磁炉通电以后，交变电流通过线圈产生磁场，而且这个磁场也是随时间变化的，于是在电磁炉上的铁锅中感应出电流，这个电流在铁锅中产生焦耳热，使得铁锅温度升高，从而把水烧开。

此外，还可以用微波炉来烧开水。我们都用过微波炉，热面包、牛奶都是"叮"的一下就热好了，非常方便。那微波炉烧开水又是什么原理呢？

微波炉通电后，能够产生微波。微波是一种电磁波，只不过是一种波长很短的电磁波。微波作用于水分子，水分子会随着微波的振动而相应振动，这种振动可以想象为水分子之间的相互摩擦，于是产生热量，使得水温度升高，把水烧开。

划 重 点

1. 热传导。热传导是热量从高温的物体传递到低温的物体。

2. 焦耳定律。1 焦耳 =1 牛顿 ×1 米 =1 安培^2×1 欧姆 ×1 秒。

3. 能量的转化与守恒。能量可以从一种形式转化为另一种形式，比如机械能、电能转化为热能。但能量既不能凭空产生，也不能凭空消失，总能量是守恒的。

4. 电磁炉、微波炉烧开水的原理。电磁炉是利用电磁感应在铁锅中产生电流，通过电流产生焦耳热来烧开水。微波炉是通过某种装置将电能转化为微波，微波使得水分子振动，温度升高，直到沸腾。

考考你吧

（1）通过物体直接接触传递热量的方式，叫（　　）。

A. 热传导　　B. 对流　　C. 辐射　　D. 摩擦生热

（2）焦耳通过实验发现，1卡约等于（　　）焦耳。

A. 0.42　　B. 4.2　　C. 42　　D. 420

（3）焦耳通过电能、机械能与热能的转换实验，建立起了（　　）的观念。

A. 质量守恒　　　　　　B. 动量守恒

C. 能量守恒　　　　　　D. 动能守恒

答案：（1）A（2）B（3）C

太阳当空照——热辐射

大家耳熟能详的《上学歌》里有一句歌词是"太阳当空照，花儿对我笑"。从物理学的角度看，太阳发光，照到花儿身上，花儿就吸收了能量，这是一个能量传递的过程。

那么问题来了，太阳离花儿都不止十万八千里，它们之间的距离达到 1.5 亿千米，这个能量是怎么长途跋涉后传递到花儿身上的呢？

当然是通过太阳光传递到花儿身上的！

我们都知道，太阳内部发生着剧烈的热核反应，产生大量的电磁波，这就是太阳光。通常我们说的"光"指的是"可见光"，也就是我们肉眼可以看到的光。而太阳光里不仅包括可见光，还有不可见的红外线和紫外线，它们都属于电磁波。

光在真空中的传播速度将近 300000 千米／秒，在空气中的传播速度比在真空中慢一点儿，但是相差不多。所以太阳光从发出到照在花儿身上大约需要 500 秒的时间。

太阳光照在花儿身上，除了发生奇妙的光合作用之外，还有一个热效应，花儿会感受到太阳的温暖，就跟我们感受到阳光的温暖一样。这个热量就是通过太阳光来传递的。

太阳光照在花朵上也是一个能量传递过程

• 太阳跟花儿之间的热量传递是热辐射还是热传导？

热量传递的过程跟热传导有很大的区别，热传导发生在两个接触的物体之间，而太阳跟花儿离得非常遥远，它们之间绝大部分的空间都接近真空，根本不可能进行热传导。

太阳跟花儿之间的热量传递是通过热辐射来实现的，由光（电磁波）的辐射传递热量。

实际上，太阳通过热辐射来温暖万物，火炉也是通过热辐射来使人们感到温暖的，比如小朋友在围着火炉烧开水时就会感受到火炉的温暖。因为你并没有跟火炉亲密接触（危险动作，小心烫伤！），所以火炉的热量不是通过热传导到达你身上的。

你和火炉之间的空气是热的不良导体，如果通过空气传导，热量会经历比较长的时间才会传导到你身上。但是你只要一靠近火炉，就马上能感受到温暖，说明这个热量传递的速度很快，因为它不是通过空气传导实现的。

• 生活中哪些物体会辐射电磁波？

不是只有高温的太阳和火炉才会辐射电磁波，只要是有温度的物体就都会向外辐射电磁波。

物体温度不同，辐射出的电磁波成分也会有差异，红外线、可见光、紫外线的占比也不同。

人体每时每刻都在向外辐射着电磁波，比如人体会辐射红外线。人体所处的环境，比如空气、树木、房屋等也会辐射红外线，但跟人体会有一定的差异，所以采用某种设备探测红外线，就能找出环境中的人体，这就是红外线成像的基本原理。夜晚的时候，可见光不足，无法凭肉眼看见人员活动，用红外线探测设备就能很方便地解决这个问题。

新冠肺炎疫情下，住宅小区、商场、学校都要测量体温。如果用传统的体温计，操作既不方便又耽误时间，这个时候用红外线测温枪又快又方便。只要在额头、手腕上隔空一点，测温枪就能马上显示温度。其基本原理就是利用人体发出的红外线辐射来推算人体的温度。

● 电磁辐射是把"双刃剑"

说到电磁辐射，大家就容易想到恐怖的核辐射，原子弹爆炸、核电站泄漏曾给人类造成了惨痛的伤害。

核辐射是原子核的状态发生改变时释放出来的微观粒子流，其中包括 X 射线和 γ 射线。

这两种射线都是波长很短的电磁波，跟红外线、可见光、紫外线的区别在于这两种射线的波长更短，但是它们都属于电磁波大家族。

电磁波的波长越短，则频率越高，具有的能量也越高。像 X 射线和 γ 射线这两种高能量的电磁波辐射到人体，会让人体中原子所束缚的电子脱离控制成为自由状态，使原子发生电离，这种辐射叫作电离辐射，会对人体造成伤害，所以日常生活中必须严格防护，避免受到 X 射线和 γ 射线的辐射。比如去医院检查身体拍 X 光片时，我们都要围上铅板来屏蔽 X 射线，而且必须控制照射时间。

另一方面，人们也利用 γ 射线的巨大能量来杀死癌细胞，就是医疗上用的 γ 刀。可见，γ 射线一方面能够致癌，另一方面也能治癌，关键是看掌握 γ 射线的人怎么使用它。它既可能是杀人的凶器，也可能是救人的利器。

相对来说，红外线、可见光、紫外线的波长较长，频率较低，能量较低，不会产生电离辐射，所以晒太阳时不必担心把体内的电子晒跑了。但是，长时间接受紫外线照射会对人体皮肤造成灼伤，甚至导致皮肤癌，所以，晒太阳也要注意防护，涂好防晒霜。

划 重 点

1. 热辐射的特点。热辐射是通过电磁波来发生热传递，可以在真空中进行。太阳照耀我们，让我们感到温暖，就是通过热辐射来实现的。

2. 万物都会发出热辐射。探测人体辐射出的红外线，可以发现人员活动，测量体温。红外线成像仪、红外线测温枪就是利用这一原理来工作的。

3. 波长很短的电磁波如 X 射线、γ 射线能量很高，会导致电离辐射，对人体有伤害，必须严格防护。而红外线、可见光、紫外线能量相对较低，不会导致电离辐射。

考考你吧

(1) 热辐射可以发生在（　　）中。

A. 真空　　B. 空气　　C. 玻璃　　D. 以上都可以

(2) 红外线测温枪是根据（　　）推算人体温度。

A. 人体发射的可见光　　B. 人体发射的红外线

C. 人体发射的紫外线　　D. 人体发射的 X 射线

答案：(1) D　(2) B

艾莎公主的冷冻魔力有多厉害？
——能量

喜欢《冰雪奇缘》的小朋友都知道艾莎公主拥有一种神奇的魔力，只要她摘下手套，手指一点就能把一大片地方瞬间冻成冰。

从物理学的角度看，艾莎公主相当于一台强大的制冷机，能够急速把周围空气中的水蒸气降温冷冻成冰。

制冷机的物理原理是怎样的呢？

我们不妨看看家里用的电冰箱，它可以把冷冻室内空气中的水蒸气冻成冰，因为冷冻室的温度可以低至零下 18 摄氏度。而电冰箱外的环境温度可能是零上 40 摄氏度。如果电冰箱断电不工作，冷冻室的温度就会跟电冰箱外的环境温度一样，你辛辛苦苦冻的冰棍只能化掉。一旦电冰箱通电，电力驱动压缩机做功，压缩气态制冷剂，气态制冷剂获得能量，其压强升高，温度也升高，进入冷凝器后释放热量，就凝结为液体。

然后，液体进入毛细管，由于毛细管的阻碍，压强降低，进入蒸发器中。压缩机反过来扩张，使得蒸发器内压强进一步降低，加快了液体的蒸发。蒸发是一个吸热的过程，把冷冻室内的热量带走，导致冷冻室的温度降低。

压缩机不断循环工作，推动制冷剂在冷凝器、毛细管和蒸发器中循环运动，就能将冷冻室降到零下 18 摄氏度。

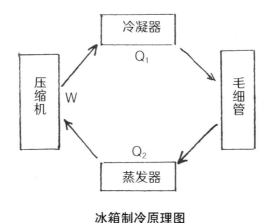

冰箱制冷原理图

● 无氟冰箱和保护臭氧层

以前电冰箱常用到的制冷剂是氟利昂，它是有机物，容易汽化和液化。但是它能够分解出氯，跟大气层中的臭氧层发生化学反应，从而破坏臭氧层。臭氧层能吸收太阳光中的大部分紫外线，从而保护地球上的人类和动植物免遭紫外线的伤害。

前面我们讲过，太阳紫外线照射时间太长会对皮肤造成伤害。所以，臭氧层对保护我们的身体健康至关重要，而氟利昂则是破坏臭氧层的杀手。因此，人们做出了限制生产和使用氟利昂的决定，我国在2002 年停止生产氟利昂。现在，我国市场上出售的冰箱都是无氟冰箱，其中的制冷剂不再是氟利昂，而是四氟乙烷等。

● 从能量的角度看冰箱的制冷过程

如果我们从能量的角度分析冰箱的制冷过程，就会发现电能输入压缩机，使压缩机对制冷剂做功 W（通常用 W 表示功率），这是电能转化成机械能。然后制冷剂通过冷凝器向外界释放热量 Q_1（通常用 Q 表示热量，此处标记为 Q_1），又经过蒸发器吸收热量 Q_2。根据能量守恒定律或者热力学第一定律，$Q_1 = Q_2 + W$。

这个向外界释放的热量（Q_1）会导致电冰箱的侧壁发热，小朋友去摸一下自家的电冰箱就知道了。所以，用了电冰箱，可能导致你家的温度升高。这个热量（Q_1）是我们不需要的，小朋友可以想想怎么利用这个能量，不要让它白白耗散到空气中。

制冷剂经过蒸发器吸收的热量（Q_2）是我们所需要的，它可以降低冷冻室的温度，能够冻冰棍、长时间保存食品。我们希望它越大越好。

压缩机做的功是消耗电能得来的，需要我们花钱付电费，这个功当然越小越好。实际上，人们定义了一个制冷系数 Q_2/W 来表示电冰箱制冷的性能，接近我们常说的性价比。

我们发现，Q_1 和 Q_2，一个释放能量，一个吸收能量，如果它们相等，不就没有 W 什么事了吗？电冰箱就不用耗电了。这好像也不违反能量守恒定律和热力学第一定律。但是事实上并没有这样的冰箱出现，这是为什么呢？因为热学里除了热力学第一定律，还有热力学第二定律：热量只能自发地从高温物体转移到低温物体，而不能自发地从低温物体转移到高温物体。

所以，在现实生活中，你会看到热水和冷水混在一起，热水温度降低，冷水温度升高，最终两者温度相同。而不会看到，热水温度变得更高，冷水温度变得更低。要实现后一种情形，必须对它们做功。也就是说，冰箱如果不通过输入电能做功，是不可能使冷冻室的温度降低而外界的温度升高的。

• 如果艾莎公主洒出四氟乙烷或者干冰，哪个结冰会更快？

回过头来说艾莎公主的魔力，假如她纤手一挥，洒出四氟乙烷，然后运用内力压缩四氟乙烷做功。四氟乙烷压强增大，温度升高，向外放热，然后艾莎公主纤手一收，运用内力抽吸四氟乙烷，压强降低，迅速蒸发，吸走大量热量，于是周围结冰。这样似乎可以解释得通。但是这种操作要求艾莎公主像一个武林高手一样有着深厚的内力。

另外一种对内力没有要求的办法就是使用干冰（固态的二氧化碳）来实现。由于干冰的凝固点（零下 78.5 摄氏度）很低，它在常温的空气中迅速升华成气态，这个过程会大量吸热，使得环境温度降低，有可能降到冰点以下。

所以艾莎公主只要纤手一挥，洒出干冰，就可能把周围冻上。这个过程相当于高温物体（空气）向低温物体（干冰）释放热量，可以自发进行，不需要艾莎公主额外运用内力做功，可以说这是一项门槛极低的冰冻魔法。

唯一要注意的是，携带干冰时防止冻伤。

还有一件事，艾莎公主的魔法冰冻速度极快，几乎是眨眼之间。这个过程中能量转移是一定的，时间越短，表明单位时间内能量的转移越高，也就是功率越高，因为功率 = 功 ÷ 时间。

我们知道"冰冻三尺，非一日之寒"，看起来，艾莎公主要瞬间把眼前世界冰冻起来，功率要求太高，恐怕不现实。

当然，《冰雪奇缘》本来就是超现实的童话故事。

划 重 点

1.制冷机的原理。制冷机是通过对制冷剂做功，使制冷剂向外界放出热量，然后制冷剂减压蒸发，吸收热量，使得温度降低，达到制冷效果。

2.能量守恒定律、热力学第一定律和热力学第二定律。能量守恒定律和热力学第一定律说的是能量既不能凭空创造，也不能凭空消失，而只会发生转移。热力学第二定律说的是能量转移是有方向的，只能自发由高温物体转移到低温物体，而不能反过来。要想反过来，就必须对低温物体做功。这也是制冷机为什么必须先输入功的原因。

3.功率。功率是单位时间内做的功，制冷机制冷需要一定的时间，像艾莎公主那样的冰冻魔力大概只能存在于童话里。

考考你吧

(1) 冰箱通过消耗电能达到制冷的效果，这个过程符合（　　）。

A. 能量守恒定律

B. 热力学第一定律

C. 热力学第二定律

D. 以上都符合

(2) 家用冰箱的功率大约是（　　）瓦。

A. 15

B. 150

C. 1500

D. 15000

(3) 以下说法正确的是 （　　）。

A. 氟利昂不会破坏大气臭氧层

B. 热量从低温物体传给高温物体，必须对低温物体做功

C. 热量可以自发从低温物体传给高温物体

D. 热力学第一定律和能量守恒定律是矛盾的

答案：(1) D （2) B （3) B

流行歌曲《孤勇者》中有一句歌词是"你的沉默震耳欲聋","沉默"和"震耳欲聋"不是前后矛盾吗？这就要从声音的起源说起，是振动产生了声音，还是敲打产生了声音？声音又是怎么被人听见的？是从空气中还是从水中传到你耳朵里的？帕瓦罗蒂的声音很有穿透力，是男高音；我的声音也很有穿透力，是男噪音。为什么我俩的声音区别这么大？大家都讨厌噪音，怎么把它彻底消除？当我在隔壁唱歌时，你不用看见我的嘴，就能听到我的噪音，噪音是如何从隔壁传过来的？看完本章，你就有答案了。

第三章

不可思议的声学

唧唧复唧唧，木兰当户织——振动

"唧唧复唧唧，木兰当户织。不闻机杼声，唯闻女叹息。"这是《木兰诗》的开头，说的是木兰在织布，可是听不到织机运转的声音，只听到她在叹气。

从物理学的角度看，这四句诗说的是声音的产生。木兰专心织布时，织机运转起来会发出吱吱嘎嘎的声音，停下来就没有声音了。木兰停下织机时，嘴里就发出叹息声。

我们发现，织机的运动和木兰嘴部的运动都产生了声音。更准确地说，是织机上纺轮的往复旋转运动和木兰声带的往复运动产生了声音。

关于运动，我们之前讲过匀速直线运动，即物体沿着一条直线一直以相同的速度运动下去。而这里的往复运动跟匀速直线运动不一样。纺轮也好，声带也好，都在一个小范围内来来回回地运动。我们把这种往复运动叫作振动。

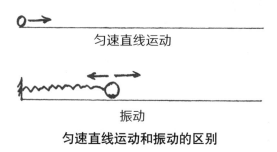

匀速直线运动

振动

匀速直线运动和振动的区别

● 盘子的声音是怎么发出来的？

将近 400 年前，人们认为是敲打产生了声音，这跟大家的常识是符合的。

用鼓槌敲打鼓面，钟锤撞击铜钟，都会发出声音。

但是，11 岁的帕斯卡发现，厨师用刀叉敲击盘子，就会发出声音。停止敲击后，盘子仍然会发出声音。他便自己做实验，注意到盘子发出声音时，盘面在往复运动；当用手按住盘子边，声音就停止了。他因此认为，这是盘子的振动产生了声音，而不是敲打产生了声音。敲打导致了盘子的振动，然后产生声音。

从这个小故事里我们可以看到，对日常生活中司空见惯的现象，如果能问个为什么，也许就会带来新发现。我们要像少年帕斯卡一样，做个善于观察、勤于思考的人。

• 振动是如何发生的？

振动开始前，物体处在静止状态，按牛顿第一定律，此时受力是平衡的。我们把这个静止的位置叫作平衡位置。

振动开始后，物体就在平衡位置附近往复运动，离开平衡位置的最大距离被称作振幅。

我们可以设想，物体受到敲打后，获得一个初始的速度，于是从平衡位置开始，运动一段距离，到达振幅位置时，速度必然减为零。因为如果不为零的话，它就能继续前进，那就不是最大距离的位置了。

然后，物体掉头往平衡位置运动，速度由零逐渐增加。

按照加速度的定义，单位时间内速度的变化就是加速度，所以物体在往复运动的过程中是有加速度的，不是匀速运动。

而根据牛顿第二定律，有加速度必然是因为有外力作用在物体上，我们把这个外力叫作回复力，意思是让物体回复到平衡位置的力。

回复力总是指向平衡位置，这样才会产生指向平衡位置的加速度，使得物体由振幅位置加速回到平衡位置。于是我们也能推测，在平衡位置时物体的速度是最大的。

那么，回复力的大小跟什么有关呢？

对于最简单的谐振动（简称"简谐振动"），回复力的大小跟物体发生的位移成正比。这个位移计算的起点是平衡位置。也就是说，离开平衡位置越远，回复力越大。在平衡位置时，回复力为零；在振幅位置时，回复力最大。

于是，在平衡位置时，物体运动的加速度为零；在振幅位置时，加速度最大。

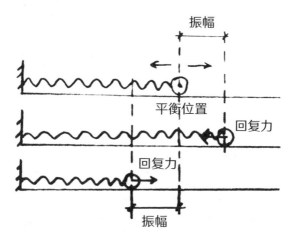

简谐振动示意图

• 振幅有大小，振动有快慢

物体振动时，振幅有大有小。比如发生强烈地震时，大家都能感受到大地的急剧振动，甚至把房屋都能震倒。

实际上，房屋在平时也会发生轻微振动，只不过幅度很小，大家没有感觉而已。

不同物体的振动除了振幅不同，还有快慢的区别。

蜂鸟振动翅膀很快，一秒钟可以振动 50 次左右，而之前讲过的秒摆振动很慢，一秒钟只有一次。几百米高的高层建筑的振动更慢，几秒钟才振动一次。

描述振动快慢的物理量叫作频率，单位是赫兹，这是为了纪念德国物理学家赫兹而规定的。频率是指单位时间内完成周期性变化的次数，是描述周期运动频繁程度的量。

在这里，振动一次是指物体从某一位置开始，运动到振幅位置后掉头，经过平衡位置达到另一侧的振幅位置，再掉头回到原来出发的位置。

也就是说，两次经过平衡位置，一次经过正向的振幅位置，一次经过负向的振幅位置。总的路程是 4 倍的振幅。

完成这一次振动所需要的时间叫作周期，单位是秒，它跟频率刚好互为倒数。

回过头来说"敲打",实际上,敲打是给了物体一个作用时间很短的力。根据牛顿第二定律,物体会获得相应的加速度,经过很短的时间,就会产生一定的速度。

所以,敲打停止后,虽然外力不存在了,但这个速度已经产生了,由此产生了振动,产生了声音。这就是敲打停止后仍然会有声音的原因。

划 重 点

1. 产生声音的原因是振动，而不是敲打。

2. 振动的振幅、回复力。振幅是物体离开平衡位置的最大距离。回复力是使物体回到平衡位置的力，它总是指向平衡位置。简谐振动的回复力跟物体发生的位移成正比。

3. 振动的频率、周期。频率是指一秒钟发生振动的次数。一次振动是指物体从某一位置出发，再次回到该位置的全过程。周期是完成这一次振动所需要的时间，它跟频率互为倒数。

考考你吧

(1) 振动是一种（　　）。

A. 单向运动　　　　B. 往复运动

C. 匀速直线运动　　D. 曲线运动

(2) 关于简谐振动，以下说法正确的是（　　）。

A. 一定是匀速直线运动

B. 回复力的大小跟位移成正比

C. 在振幅位置时，回复力最小

D. 在振幅位置时，速度最大

(3) 某高层建筑的自振周期可能接近（　　）秒。

A. 0.5　　B. 5　　C. 50　　D. 500

答案：(1) B　(2) B　(3) B

嘈嘈切切错杂弹，大珠小珠落玉盘——音调和音色

唐朝诗人白居易有一首著名的长诗《琵琶行》，描写了一位弹琵琶的高手，形容她的琵琶声"大弦嘈嘈如急雨，小弦切切如私语。嘈嘈切切错杂弹，大珠小珠落玉盘"，意思是琵琶的大弦发出的声音像急雨，小弦发出的声音像窃窃私语。这些声音夹杂在一起，像大珍珠和小珍珠掉落在白玉盘上。

从物理学的角度看，这实际上说的是声音的不同音调。大弦发出

的音调低，小弦发出的音调高。

• 为什么大弦和小弦发出的音调会不同呢？

我们观察后发现，大弦粗而小弦细，它们的长度则是相同的。而且，它们在琵琶上都是绷紧的，也就是说制作琵琶的师傅预先在弦的两端把弦拉紧了。

当手指拨琴弦时，弦就偏离原来的平直状态，弦两端的张力就会迫使弦回到原来的平直状态。可见，这平直状态就相当于振动的平衡位置，张力就相当于回复力，所以弦就在平衡位置附近发生振动。

质　点

所谓质点，是一个理想化的模型，忽略物体的大小而只考虑它的质量，认为物体是一个有质量的点。牛顿认为，施加在质点上的外力产生相应的加速度，写成数学表达式就是 $F=ma$。其中，F 是外力，m 是质点的质量，a 是加速度。这就是牛顿第二定律。

可以证明，当弦的振幅不大时，弦的振动是简谐振动。

我们知道，大弦粗、小弦细，那么同样的长度时，大弦质量大、小弦质量小。大弦对应的质点质量大，小弦对应的质点质量小。

在同一个位移处，得到的回复力相同，因此大弦的质点产生的加速度小，小弦的质点产生的加速度大。则大弦的质点速度比小弦的质点速度慢，因而其周期就长，也就是频率低。而频率高就对应高音调，频率低就对应低音调。这就是大弦和小弦发出的音调不同的原因。

增加张力时，回复力增大，振动的频率也会增大。所以像琵琶这样的弦乐器，弹的时间长了，弦松弛了，张力变小，就需要重新调弦。

如果改变弦的长度，弦的振动频率会怎样变化呢？

• 音调都能被听到吗？

琵琶是利用弦的振动发声，鼓是利用鼓面的振动发声。

弦是一维的线，鼓面是二维的面，可以看作沿两个方向振动的弦。

关于鼓的制作工艺，有这样一段口诀："紧紧蒙张皮，密密钉上钉。天晴和下雨，敲起一样音。"

从物理学的角度看，这是说要把鼓皮用力绷紧，而且用很多钉子固定。这样不管是天晴还是下雨，鼓皮振动的频率都相同，发出同样的音调。实际上是说如果张力保持稳定，那么音调就会稳定。

那为什么天晴和下雨会导致鼓发出的音调不同呢？

顺便提一下，这段口诀是五言诗的形式，二十个字。有人觉得不够简洁，就改成了《三字经》的形式："紧紧蒙，密密钉。晴和雨，一样音。"减少了八个字。但还有人觉得不够简洁，于是改成了《诗经》那样的四言诗："紧蒙密钉，晴雨同音。"又减少了四个字，只有八个字，但意思并没有损失。

从这个例子可以感受到汉语的简洁之美，而物理学同样有简洁的美感，牛顿三大定律就都具有简洁之美。

北京科学中心有一架钢板琴，读者朋友可以去现场实地考察一下，敲一敲钢板，听听不同的音调，研究一下从左到右是什么规律。它的原理跟弦长的变化是不是类似呢？

人的耳朵能听到的声音频率范围是 20 赫兹到 20000 赫兹，频率低于 20 赫兹的叫作次声波，频率高于 20000 赫兹的叫作超声波。

年轻人通常能够比老年人听到更高的频率，所以有人开发了高频的手机铃声，受到年轻人的追捧。因为很多年轻人觉得只有他们能听见，而年长的人听不见，是很酷的一件事。不过，高频的声音对耳朵是有伤害的，所以我们不要为了耍酷而损害健康。

• 琵琶和钢琴的声音不同主要取决于什么？

琵琶是中国传统乐器，钢琴是西洋古典乐器，学过音乐的人都知道，虽然演奏同一首《生日快乐》，但琵琶的声音和钢琴的声音是不一样的。

初中物理教材解释说，它们的波形不同导致了声音不同，并把这个现象叫作音色不同。

⦿⦿⦿ 小 课 堂

音 色

音色指不同声音表现在波形方面总是有与众不同的特性，不同的物体振动有不同的特点。不同的发声体由于其材料、结构不同，音色也不同。

从下面这幅图可以看到，它们的频率、振幅都相同，但是钢琴和长笛还有局部的小波峰和小波谷，跟音叉这种正弦函数波形比起来要复杂一些。

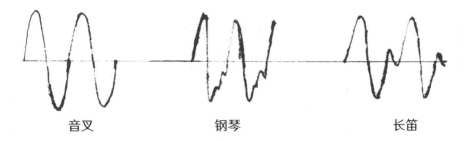

| 音叉 | 钢琴 | 长笛 |

音叉、钢琴和长笛的不同波形

简单来解释，这是波形里存在着不同频率、振幅的成分，造成了局部的小波峰和小波谷。实际上，这些波形是一系列正弦/余弦函数叠加的结果。在大学阶段的微积分学习中，如果学到傅里叶展开，我们就会明白这个现象了。

音调、响度和音色的区别

	概念	影响因素	日常描述
音调	声音的高低	物体振动的频率	这么高的音我唱不上去：尖叫；刺耳
响度	声音的强弱	物体振动的幅度与到声源的距离	震耳欲聋；大声喧哗；低声细语
音色	声音的品质和特色	物体的形状、材料	闻其声而知其人

划 重 点

1. 音调跟频率相关，频率越高，音调越高。

2. 弦的振动是简谐振动。弦乐器通过调整弦的张力、长度、粗细来调整振动频率。

3. 不同乐器发声的波形不同，导致音色不同。乐器的波形可以看作一系列正弦 / 余弦函数的叠加。

(1) 以下说法正确的是（　　）。

A. 增加琴弦张力，弦振动周期变长

B. 增加琴弦张力，弦振动周期不变

C. 增加琴弦截面直径，弦振动频率变大

D. 增加琴弦长度，弦振动周期变长

(2) 用钢琴和提琴同时演奏一首乐曲，常能明显区别出钢琴声与提琴声，这是因为钢琴与提琴的（　　）。

A. 音调不同

B. 响度不同

C. 音色不同

D. 音调和响度不同

答案：(1) D　(2) C

震耳欲聋是怎么回事？——响度

震耳欲聋形容声音很大，大到要把耳朵震聋了。那耳朵为什么会被震聋呢？前面讲过，声音是由物体的振动产生，然后通过空气传播到耳朵内，引起鼓膜的振动。声音越大，引起鼓膜振动越强烈。如果超出鼓膜能够承受的程度，鼓膜就可能会破裂，导致耳聋。

● 声音可以在哪些介质中传播？

为了避免耳朵被震聋，可以想办法停止声音的传播。既然声音是通过空气传播，如果没有空气就不会传播声音。所以在太空中，宇航员不能直接通过说话互相交流，因为真空环境中声音不能传播。

这里，我们把传播声音的空气叫作介质，也就是媒介物质。振动的物体叫作声源，声源的振动传递到空气中，引起空气的振动，然后由近及远传播。如果是真空环境，声源的振动就没法通过介质传播，因为真空中没有介质。

除了空气，其他物质也可以传播声音，如水、铁、地面等。比如，我们在潜泳时能听见岸上的声音，在家里敲铁管能传递到楼下，趴在地上能听见远处的马蹄声（在古代战争片里能看到这样的场面）。

唐朝诗人胡令能有一首诗叫作《小儿垂钓》："蓬头稚子学垂纶，侧坐莓苔草映身。路人借问遥招手，怕得鱼惊不应人。"可见，鱼在水中是能听见岸上的人说话的，声音可以从空气中传播到水里。

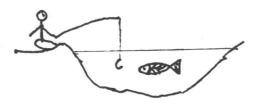

声音可以从空气中传播到水里

《让我们荡起双桨》里有两句歌词："水中鱼儿望着我们，悄悄地听我们愉快歌唱。"这反映的是同一种声音现象。

• 声音在不同介质里传播的速度一样吗？

既然声音在气体、液体和固体里都能够传播，那声音在不同介质里传播的速度（也就是声速）是一样的吗？

答案是不一样。

常温下，声音在空气里的传播速度是 340 米 / 秒，在水中的传播速度是 1500 米 / 秒，在铁中的传播速度是 5200 米 / 秒。

你会发现，声音在气体、液体、固体中的传播速度是依次升高的，这跟它们的密度升高有关系吗？感兴趣的小朋友可以自行查找一些资料，研究一下这个问题。

• 为什么声源越远声音就越小？

声音既然是从声源开始传播的，可以想象得到，离声源越远，声音的扩散面积就越大，那么其振幅就会越小，所以响度也会相应减小。

我们都有这样的经验，放鞭炮时，人离鞭炮越近听到的声音越大，离远了声音就小了。

如果从能量的角度看，振幅代表着声波的振动能量，随着距离的增加，能量逐渐衰减。

如果我们想让能量衰减得快一些，可以在耳朵里塞棉花。棉花是疏松的结构，由于这个结构的影响，空气在棉花里的振动从有规律变得杂乱无章，因而互相抵消，耗散掉了声音的能量，于是振幅减小，保护了鼓膜。

我们看"007"系列的电影时会看到无声手枪能把震耳欲聋的枪声消于无形，其基本原理就是消耗声音的能量。（温馨提示：现实中的无声手枪没有那么神奇，并不能把枪声消得很彻底。）

● 声压和回声是怎么回事？

我们知道，声音在空气中传播时，会引起空气振动。空气的振动会带来压强的变化，如果我们把空气中这种压强变化测量出来，就能反映声音的强弱。

我们日常生活中经常会遇到一个概念——"分贝"，分贝高则表示声压大，因而对人的鼓膜产生较强的压迫。所以在高分贝环境下，一定要注意保护耳朵。

现在年轻人都喜欢戴耳机，还要听重金属音乐，很容易音量过大，分贝过高，结果损害了听力，真的是"震耳欲聋"了。

声音在传播过程中，如果遇到其他物体，可能会反射回来，这就是回声。

"登高一呼，山鸣谷应"描述的就是回声现象。因为山谷离人较远，人发出的呼声需要一段时间才能传播到山谷表面，然后反射回来，这样传回来的声音和刚才发出的声音就有明显的间隔，人能够区分开，能够感受到回声。

当人处在室内相对狭窄的空间时，虽然说话声也会经四周的墙壁反射回来，但因为距离很短，时间间隔就很短，人无法区分回声与原声，从而认为回声与原声是一个声音，就会感觉声音更响亮了。

● 声音也可以绕道走？

前面提到过，声音也可以透过物体传播，比如穿过墙壁从室内传到室外。声音也可以绕过物体传播，这种现象叫作衍射，也叫绕射。

也就是说，声波可以不沿直线传播，遇到障碍物时能够绕道走。成语"隔墙有耳"，一方面是说声音可以透过墙壁，另一方面是说声音也可以绕过墙壁。

那衍射在什么条件下会比较明显呢？

我们知道，声波在空气中的波速大约是 340 米 / 秒，人声的频率是 85 ～ 1100 赫兹，根据公式波长＝波速 ÷ 频率可得，人声的波长是 0.3 米～ 4 米，只要障碍物的尺寸在这个范围之内，人声就很容易绕过它继续传播。

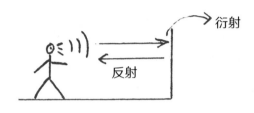

声音的反射和衍射

划 重 点

1. 声音的响度和声压。响度跟振幅相关，振幅越大，声音越响。声压是由于声音在传播过程中引起空气振动，带来空气压强的变化，通常用"分贝"来表示。响度大，分贝高，对听力有伤害，要注意防护。

2. 声音在不同介质中的传播速度。声音在气体、液体、固体中都能传播，但传播速度不同。

3. 声音的反射和衍射。声音传播到其他物体时，可能发生反射和衍射。如果物体的尺寸与声波的波长接近，衍射就会比较明显。人声的波长是 0.3 米 ~ 4 米，经过同样尺寸的障碍物时容易发生衍射。

制作"土电话"

制作材料：

小刀、纸杯、棉线、小木棍。

制作方法：

1.取两个完好的纸杯，再取一根长度适当的棉线，一把小刀。

2.将木棍截成适当长度，由于需要放入杯中，所以木棍长度要比杯底宽度小一点儿。

3.将纸杯底部戳开一个小孔，不要太大。

4.将棉线一端塞入杯底的小孔中，并从杯口取出，再将棉线拴在木棍上。同样，将棉线的另一端也同样操作，一个简单的"土电话"就做好了。

使用方法：

1.两个人各拿一个"话筒"，拉直棉线，就可以通话了。

2.一人在这边的"话筒"说，另一人在那边的"话筒"用耳听，声音就可以通过棉线振动远距离传过来。（距离在100米范围内皆有效。）

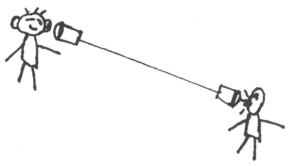

自制的"土电话"

注意事项：

因为"土电话"是通过中间这根线的振动来传递声音的，所以，如果线松弛了，就产生不了振动，声音也就无法传递。

声音 ——→ 空气 ——→ 电话线 ——→ 空气 ——→ 人耳

考考你吧

(1) 以下说法正确的是（　　）。

A. 声音不能在真空中传播

B. 声音不能在水中传播

C. 声音不能在铁中传播

D. 声音在空气中传播速度是最快的

(2) 以下说法错误的是（　　）。

A. 声音可以发生反射

B. 声音可以发生衍射

C. 声音可以产生压强

D. 声音过大，不会损伤听力

答案：(1) A (2) D

庙里"闹鬼"了——共鸣

    我给读者朋友讲一个故事：古代有一个和尚，天天在庙里敲钟，当一天和尚撞一天钟嘛。可是，他发现在敲钟的时候，庙里的磬也跟着响，然而并没有人在敲磬。和尚疑心庙里闹鬼，是鬼在敲磬。鬼嘛，看不见、摸不着，如果不是鬼在敲，磬怎么会无缘无故响起来？和尚越想越害怕，最后病倒了。

    和尚的朋友来探病，听说了这件怪事后就跟和尚说："你不要担心，我有法术把鬼赶走。"朋友找来一把锉，把磬锉掉了几块。然后他让和尚再去敲钟试试看，和尚将信将疑地去敲钟，说来也怪，这磬果然不响了。"鬼"被赶走了，和尚的病也好了。

● 故事中的物理学

上面的故事中，真的是和尚的朋友施法术把鬼赶走了吗？

当然不是。如果我们从物理学的角度看，磬之所以跟着钟响起来，是因为"共鸣"。

我们知道，敲钟时，钟振动发出声音，声波随着空气由近及远传播，一直到达磬的位置。空气在振动，具有一定的动能，因此对磬会产生作用，就有可能使磬也振动起来，从而发出声音。

那么，在什么情况下磬会发出声音呢？显然，在这个故事里，磬的发声是罕见现象，所以把和尚吓到了。

● 如何让秋千荡得越来越高？

我们不妨先来研究另外一个例子，小朋友荡秋千。小朋友从秋千的静止位置，也就是平衡位置往前推，秋千就会荡到最高点然后折返回来，到平衡位置时速度最大，而且跟刚才的推力方向是反过来的。

所以，这个时候我们得掉头换个方向推秋千，才能让秋千继续加速，荡得越来越高。如果不想掉转方向推秋千，那就需要等秋千再次回到平衡位置，而且速度跟刚开始推力方向相同时，再推秋千一下，就能继续让秋千加速，荡得更高。这个时间间隔刚好等于秋千振动的周期。

从力的角度看，就是需要周期性地输入动力而不是阻力，就能让秋千获得加速，速度越来越快，因而能够克服重力，荡得越来越高。

从能量的角度来看，就是需要周期性地向秋千输入能量，就能让秋千持续地获得动能，从而能够转化成重力势能，荡得越来越高。

这个周期性输入刚好跟秋千振动的周期相同，这种情况下秋千的振幅最显著，这种现象叫作"共振"。因为"共振"而发声，就叫作"共鸣"。

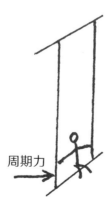

周期力

周期性推力，可以使秋千越荡越高

在开头的故事中，磬振动的周期刚好跟钟声的周期相同，在磬周围空气的振动激励下，磬持续获得动力和能量，因此开始振动而发出声音。和尚害怕的"鬼"不过是空气而已，确实看不见、摸不着。

和尚的朋友把磬锉掉几块，改变了磬的质量和弹性分布，从而改变了磬的周期，跟钟声的周期不再相同，于是就成功避开了共鸣。

⸻

小 课 堂

共　振

共振是指一物理系统在特定频率和波长下，比其他频率和波长以更大的振幅做振动的情形，这些特定频率被称为共振频率。

共振在声学中又称共鸣，它是指物体因共振而发声的现象，比如两个频率相同的音叉靠近，其中一个振动发声时，另一个也会发声。

在电学中，振荡电路的共振现象称为谐振。

• 为什么磬的振动周期跟它的质量和弹性分布有关呢？

我们可以用弹簧振子来简单解释一下这个问题。

因为回复力 F= -kx，这个 k 就是弹簧的弹性系数，k 越大，在相同的位移 x 时回复力 F 就越大。根据牛顿第二定律，小球的加速度就越大，因此加速就会越快，小球回到平衡位置也会越快，也就是周期会越短。

如果小球的质量 m 越大，则回复力 F 相同的情况下，按牛顿第二定律，其加速度越小，所以加速就会越慢，小球回到平衡位置也会越慢，也就是周期越长。

所以，从这个推理中，结论是弹簧振子的周期随质量增大而增大，而随弹性系数增大而减小。

磬的振动特性比弹簧振子复杂得多，但是基本的影响因素质量和弹性分布是一致的。所以，和尚的朋友把磬锉掉几块，就能达到改变磬的振动周期的效果，也治好了和尚的"心病"。

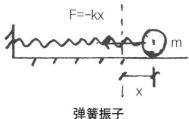

弹簧振子

● 阻尼可以保护建筑物

如果停止敲钟，磬也就慢慢不响了。如果不持续推动秋千，它也会慢慢停下来。

这是为什么呢？它们的速度为什么会减小到零？或者说它们的动能为什么会消失？按照能量守恒定律，能量不会凭空消失，所以动能一定是转化成为别的形式的能量了。

也就是说，外界存在着某种阻力，使振动物体减速，消耗其动能，转化为热能或者其他能量。我们把**这种阻力作用叫作阻尼**。

阻尼越大，振动就减弱得越快，振幅也就减小得越快。

阻尼既然是阻碍振动的，看起来好像很不好。但是，阻尼也有它的用处。比如，理想情况下，如果发生共振，振幅可以无限大。而实际上，由于阻尼的存在，振幅不会达到无限大，只是有限大。

在某些情况下，如果我们希望减小振动，就需要增加振动物体的阻尼。例如，地震会引起建筑物的强烈振动，建筑物甚至会因为振幅过大而倒塌。所以，工程师在建筑物里安装阻尼器，增加建筑物的阻尼，减小建筑物的振幅，达到保护建筑物的目的。

划 重 点

1. 共鸣与共振。共振是指外力的周期跟振动物体的周期相同时，使得物体的振幅变大。共鸣是由于共振而发声的现象。

2. 物体的振动周期与其质量和弹性分布有关，质量越大，周期越长。弹性系数越大，周期越短。

3. 由于振动物体内存在阻尼，共振时的振幅不会达到无限大，只会比较大。可以利用阻尼来减小物体的振动，比如用在建筑物里，减小地震的危害。

(1) 以下说法正确的是 （　　）。

A. 共鸣也是一种共振

B. 弹簧振子的质量越大，则周期越短

C. 弹簧振子的弹性系数越大，则周期越大

D. 以上说法都不对

(2) 以下说法错误的是 （　　）。

A. 阻尼会耗散系统的能量

B. 阻尼都是有害的

C. 物体的自振周期是可以改变的

D. 由于阻尼的存在，共振时振幅受到限制

答案：(1) A (2) B

歌曲《让我们荡起双桨》里有这样两句歌词："海面倒映着美丽的白塔"和"水中鱼儿望着我们"，歌词背后的物理学原理是什么呢？当水面风平浪静时，水下的白塔跟实际的白塔一模一样；但是当水面有涟漪，水下的白塔就变得面目全非，这是为什么呢？而水中鱼儿望着我们和我们望着水中鱼儿，有什么不一样呢？看完本章，你可能就有了答案。

第四章

趣味光学

只闻其声，不见其人
——光的直线传播

前文讲到"隔墙有耳"，声音能够绕过墙壁继续传播，所以我们可以"只闻其声"。但同时我们发现"不见其人"，这说明光不能够绕过墙壁继续传播。这是为什么呢？

我们晚上打开手电筒，就会发现光束是沿着直线向外发射的。当然，手电筒的光是发散的，如果用激光笔，就会看到红色的光沿着一条直线向前发射，所以我们往往把直线传播的光叫作"光线"。

正是因为光沿直线传播，遇到墙壁时它就不能绕道通过，隔着墙也就看不到人了。

● 光为什么会沿直线传播呢？

实际上，光是一种电磁波。

我们知道，波在遇到尺寸跟波长接近的障碍物时，可以绕过障碍物，这就是衍射。可见光的波长为 400 ～ 700 纳米，非常短，一般障碍物的尺寸都比这个波长大得多，所以平常就见不到光发生衍射的现象，只能看到光沿着直线传播。

春秋末期，我国有位学者名叫墨子，他在著作《墨经》中记录了一个有趣的现象：光照到人身上，经过一个小孔，会在另一侧显现一个倒立的人像。这可以说是最古老的照相术。为什么会这样呢？

这可以用光的直线传播来解释。我们画一张图就很清楚了。墨子解释说，光线像射箭一样，头部的光线穿过小孔，就到了另一侧墙壁的下部；脚部的光线穿过小孔，就到了另一侧墙壁的上部，所以就会形成一个倒立的人像。

该现象也验证了光沿直线传播的性质。

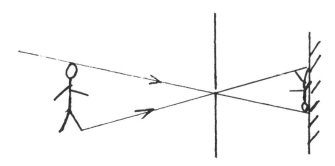

小孔成像原理示意图

• 光的传播速度

光的传播速度很快，在真空中的速度为299792000米/秒，通常我们都记为30万千米/秒，在空气中传播速度比在真空中略小。根据公式频率＝光速 ÷ 波长，计算得到可见光的频率范围在 $4.3 \times 10^{14} \sim 7.5 \times 10^{14}$ 赫兹，这个振动频率显然是非常高的。

光除了在真空和空气中传播，也可以在水中、玻璃中传播。但是，光在水中、玻璃中传播的速度比在空气中低，大约分别是空气中光速的3/4和2/3。即使是这样，这两个速度还是非常快的。

正是因为光的速度非常快，所以人们在日常生活中发现一开灯整个房间就都亮堂起来，而不会感受到各个角落是先后亮起来的。这种生活体验让人们在很长一段时间内都认为光速是无限大的。

但是，伽利略认为光速是有限的，为了测量光速，他还设计了一个实验。

伽利略让两个人分别站在相距一英里的两座山上，第一个人在某一时间（t_1）举起一盏灯，第二个人看到灯光后立刻举起自己的灯，当第一个人看到灯光后记录下时间（t_2），时间差（t_2-t_1）就是光传播两英里所需要的时间，用两英里除以时间差就得到光速。

1 英里

伽利略测量光速的实验

可惜，这个实验失败了。因为两英里的距离太短，光在极短的时间（读者朋友可以自己动手算一下这个时间是多少）内就走完了，人根本来不及作出反应。

后来的测量者采取了两个办法：一个办法是寻求大的距离，比如星球之间的距离；另一个办法是测量极短的时间。

虽然光速如此之快，但放到宇宙的尺度里来衡量，也就不算快了。比如，太阳跟地球的距离是 1.5 亿千米，太阳光到达地球需要 8 分多钟。而星球之间的距离动辄以光年计，1 光年也就是光在一年的时间里走过的距离。读者朋友也可以算一下这是多远。什么叫天文数字？这便是！

按照爱因斯坦提出的相对论，光速已经是宇宙万物速度的极限。而星球之间的距离如此遥远，人类要实现星际旅行还有很漫长的路要走。

划 重 点

1. 光的直线传播。因为光是一种电磁波，可见光的波长在 400～700 纳米，远小于一般障碍物的尺寸，因此不会发生衍射，我们只能看到光沿直线传播。

2. 小孔成像是光的直线传播的一个例证。

3. 真空中光速大约是 30 万千米／秒，空气中光速与此接近。光速是宇宙万物的极限速度，其测量需要专门的实验装置。

(1) 小孔成像利用了（　　　）。

A. 光的直线传播

B. 光的折射

C. 光的衍射

D. 光的反射

(2) 以下说法正确的是（　　　）。

A. 光不能发生衍射

B. 光的速度是无限大

C. 光是一种电磁波

D. 以上说法都不对

湖光秋月两相和，潭面无风镜未磨
——光的反射

唐朝诗人刘禹锡写有一首《望洞庭》，开头两句是"湖光秋月两相和，潭面无风镜未磨"，描写秋夜月光下湖面像镜子一样平。

既然湖面像镜子一样平，湖面就会把月亮倒映在水中，从而引发猴子捞月的笑话。这都怪猴子不懂物理学啊！

• 为什么水里也有一个月亮？

如果从物理学的角度看，水里也有一个月亮，那是因为光的反射，所以月亮倒映在湖水里。

假如我们把月亮简化成一个点，它发出的一条光线（虽然月亮自己不能发光，但是可以反射太阳的光，简单起见，这里我们说月亮发出的光）照射到湖面，一部分会按照沿镜面法线（垂直于镜面的线）对称的规律反射出去。然后我们看月亮发出另外一条光线，会按同样的规律反射出去。

如果把这两条反射光线反向延长，你会发现它们汇聚到一点，而这个点与月亮关于镜面对称。利用平面几何关于对称、全等三角形的知识就可以理解。

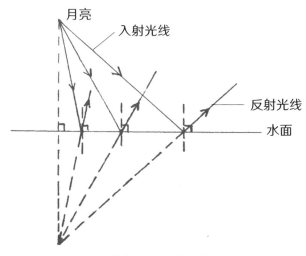

月亮在水中成像示意图

再分析月亮发出的第三条、第四条乃至第 n 条光线，你会发现它们都逆向汇聚到这一点。如果逆着这些反射光线看过去，我们就能看到这个点，而这个点就是月亮在水中成的像，也就是猴子看到的水中之月。

• 为什么有时候成实像，有时候成虚像？

在歌曲《让我们荡起双桨》里，"海面倒映着美丽的白塔"，说的也是光的反射。

假如把白塔简化为一根细杆，按同样的作图法就能发现，白塔的像跟白塔是全等的，也就是一模一样的。但是这个像是逆着光线汇聚的，不是光线实际的交点，我们把这种像叫作虚像。小孔成像的像是实际光线的交点，是实像。

• 如何买一面尺寸合适的穿衣镜？

人照镜子的时候会发现，离镜子近时，镜中的像大；离镜子远时，镜中的像小。这是为什么呢？读者朋友们可以自己想一想。

如果镜子比较小，你就会发现你看不到镜中的全身像。如果离得远一些，你能看到的范围就会变大。那什么情况下能看到全身像呢？

是否离镜子足够远就行?

我们可以用下面这幅光路图来解释。假如把人眼简化为一个点，按照图中的几何关系，镜子相当于三角形的中位线，那么镜子的尺寸就是人身高的一半。

如果我们要买一面能照出全身的穿衣镜，那么它最小尺寸要等于人身高的一半。

如果压缩这个尺寸，就是说让镜子的尺寸更小一点儿，那我们可以采用凸面镜。

跟平面镜不同，凸面镜的表面是凸起的曲面，这样导致镜面上各处的法线的方向是变化的。但是，光线入射到每一处时，仍然遵循光的反射规律。

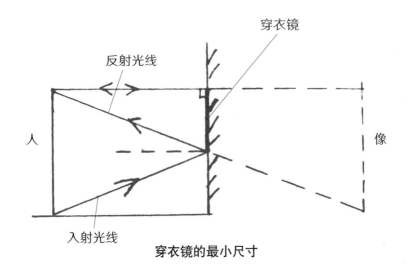

穿衣镜的最小尺寸

● 凸面镜和凹面镜的用途

我们画一幅光路图，就会发现，凸面镜形成的虚像是缩小的。也就是说，你在镜中变成了小矮人。反过来，如果是凹面镜，那像就变大了，成了巨人。这就是哈哈镜的原理。

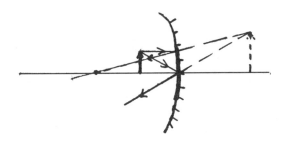

凹面镜光路图，凹面镜呈正立放大虚像

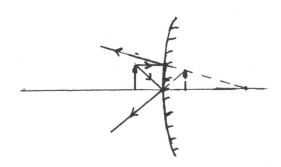

凸面镜光路图，凸面镜呈正立缩小虚像

有一种凹面镜，入射到镜面的平行光会汇聚到一点。我们可以想象得到，光线汇聚到一点，这一点吸收的光能急剧增加，然后发热，利用这个原理可以制造一种太阳灶，它能把太阳光汇聚起来加热物体。我们把这个汇聚点叫作焦点。

如果反过来，从焦点发出的光线，经过凹面镜反射后就能变成平行光。汽车的前灯、探照灯就是这种凹面镜。

那么，这种凹面镜的形状究竟是怎样的呢？曲面有无数种，是不是任意曲面都可以呢？事实上，能满足条件的凹面是个抛物面。

利用光的直线传播和发射特性，可以测量两地之间的距离，比如月球和地球的距离，可以用激光测距的方法来测量。

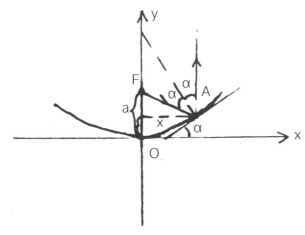

抛物面的反射光路图

划 重 点

1. 光的反射规律。反射光线和入射光线关于镜面法线对称。平面镜成的虚像与原物关于镜面对称。

2. 凹面镜和凸面镜也遵循光的反射规律，但由于镜面的法线方向各处不同，使得凹面镜成放大的虚像，凸面镜成缩小的虚像，这就是哈哈镜的原理。

3. 利用凹面镜能把平行光线汇聚到焦点的特点，可以制造太阳灶。这种凹面镜的镜面是抛物面。

考考你吧

(1) 以下说法正确的是（　　　）。

A. 平面镜成像是实像

B. 小孔成像是实像

C. 平面镜成的像是实际存在的

D. 以上说法都不对

(2) 当人远离平面镜时，平面镜成的人像会（　　　）。

A. 变大　B. 变小　C. 不变　D. 以上说法都不对

(3) 凹面镜能够（　　　）。

A. 成放大的像　　　　B. 发散光线

C. 不遵从光的反射规律　D. 以上说法都不对

答案：(1) B　(2) C　(3) A

弯折的筷子——折射

　　小朋友大概都有这样的生活经验，把一根筷子斜着插入水中，就会发现水下的筷子弯折了，可是拿起筷子，明明还是一根笔直的筷子，这是有什么魔法吗？

　　如果我们沿着筷子的方向用激光笔投下一束红色的激光，就会看到这束激光入水后，跟筷子一样，也发生了弯折，但是方向不一样。筷子是向上弯折，激光是向下弯折。

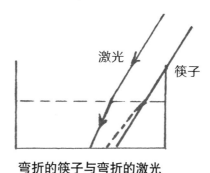

激光　筷子

弯折的筷子与弯折的激光

光可以在水中传播，在水中传播的速度大约是空气中光速的 3/4。刚才实验中的弯折相当于光入水时拐了个弯。我们把这种现象叫作光的折射。

● 光的折射定律

荷兰数学家斯涅尔发现了光的折射定律，那就是入射角的正弦与折射角的正弦之比是一个常数。

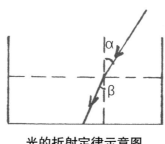

光的折射定律示意图

在刚才激光这个实验里，我们发现入射角是大于折射角的，所以这个比例常数是大于 1 的。科学家经过研究发现，这个比例常数等于光在空气中的速度和光在水中的速度之比，也就是说等于 4/3。科学家把这个比例常数叫作折射率。

如果反过来，把激光从水里射到空气中，你就会发现入射角是小于折射角的。此时入射角的正弦与折射角的正弦之比仍然是一个常数，只不过这个常数要倒过来，变成 3/4。

• 筷子入水后为什么会向上弯折？

我们再来看看筷子这个例子，筷子入水后是向上弯折的，这个现象怎么解释呢？

我们假想水下的筷子端部沿着筷子的方向发出一条光线，按光的折射定律，此时折射角比入射角大。

第二条光线竖直向上，那么入射角是零，所以折射角也是零，直接垂直射出水面。这两条光线射入我们的眼睛，我们逆着光线看过去，就会觉得筷子的端部向上弯折。

我们还可以定量计算向上弯折的程度，但这个计算过程并不严谨。因为我们根据两条光线就认定筷子端点的虚像在端点的正上方。实际上，端点会发出无数条光线，出水面后会折射出无数条光线，眼

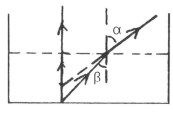

筷子的弯折光路原理图

睛逆着看过去，能保证这些光线都汇聚到同一点吗？

我们在学习光的反射的时候，发现反射光线能够逆向汇聚到同一点，所以可能就会认为折射光线也会逆向汇聚到同一点。那么，我们不妨再假设第三条光线，看看它的折射光线是否也逆向汇聚到这一点。

实际上，只有 α 比较小的时候，折射光线才近似逆向汇聚到同一点，当 α 越来越大，折射光线就不能逆向汇聚到同一点了。

这说明我们假定所有折射光线逆向汇聚到一点是不对的，这些折射光线可能有很多个逆向交点。

如果对这个问题有兴趣，可以深入探索，看看能得到什么样的结论。

• 光线去哪儿了呢？

既然光从水中折射到空气时，折射角比入射角大，那么就存在这样一种情况，随着入射角增大，折射角增大到 90°，入射角再增大，就没有折射光线了。

那光线去哪儿了呢？

这时光线全部被水反射回来。这就是全反射现象。

根据光的折射定律，很容易计算出发生全反射的入射角，对于光线从水中进入空气的情况来说，这个入射角大约是 48.6°。

不妨再做个小实验：如果你把筷子的倾斜角度调到 48.6°，筷子在水中的部分会不会消失呢？

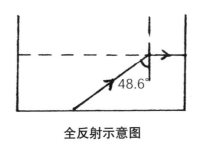

全反射示意图

划 重 点

1. 光的折射定律。入射角的正弦与折射角的正弦之比是一个常数，这个常数叫作折射率。折射率等于两种介质中的光速之比。

2. 水中的筷子看起来是向上弯折的。可以用一个简单的模型计算筷子弯折的程度。

3. 当光从水中射向空气时，可能发生全反射现象。

（1）光从空气进入水中，行进方向发生改变，这种现象叫作光的（　　）。

　　A. 折射　　　B. 反射　　　C. 衍射　　　D. 散射

（2）当你在河岸上看到水中的鱼时，它的实际深度一般比你看到的（　　）。

　　A. 浅　　　B. 深　　　C. 相同　　　D. 以上说法都不对

答案：（1）A（2）B

电是什么？光是什么？富兰克林用风筝把天上的雷电引到一个瓶子里，这个瓶子能像金角大王的羊脂玉净瓶那样把任何东西都吸进去吗？后来，人们发现，电跟光是亲戚，电跟磁也是亲戚。电既能生光，也能生磁，而且这句话反过来也成立，光能生电，磁也能生电。这是如何实现的呢？看完本章，你就有答案了。

第五章

神奇的电学

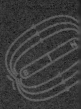

烨烨震电——电的起源

　　《诗经》中有一句"烨烨震电"，说的是天上雷电大作。这可以说是古代中国人对电的直观认识。后来在很长一段时间，人们都认为天上电闪雷鸣是因为老天爷发怒，要惩罚坏人。《丁丁历险记》中的阿道克船长一生气就喜欢骂"天打雷劈"，看来东西方有些看法是类似的。

　　本杰明·富兰克林不仅是一位政治家、文学家，还是一位杰出的科学家。他对闪电很感兴趣，想弄清楚闪电到底是怎么回事。传说，他和儿子在费城放了一次风筝。当天雷雨交加，闪电击中风筝，沿着风筝顶部的铁丝经过系风筝的绳子（绳子靠近地面的一端拴着一把钥匙），导入地上的莱顿瓶中。富兰克林发现，绳子端部的纤维炸开，莱顿瓶也充上了电。

富兰克林就这样发现闪电跟摩擦起电是同一种电，因而"天打雷劈"并不是老天爷的惩罚，而是电击致死。

当然，富兰克林是非常幸运的，因为闪电产生的电流可能高达几十万安培，非常危险。同时代也有像富兰克林这样做风筝实验想把闪电引到地上的人，结果被电死了。所以后来也有人怀疑当时富兰克林并没有如此近距离接触雷电。

• 摩擦起电的电荷是从哪里来的？

人们很早就发现，摩擦能使物体带电。比如用塑料梳子梳头，头发就会一根根散开，跟富兰克林风筝的绳子端部纤维一样；晚上脱毛衣，能看到火花四溅，还有噼噼啪啪的声音；用衣服摩擦塑料尺，塑料尺能够把纸片吸起来……

小朋友不妨自己动手做一下摩擦起电实验，把纸撕成碎片，放在塑料桌布上。这时拿一把塑料直尺试着去吸纸片，你会发现吸不上来。然后，你用衣服摩擦塑料直尺，再用直尺去吸纸片，就能把纸片吸起来粘到直尺上。

前后一对比，我们就会发现，一定是摩擦这个动作导致了变化，之前直尺吸不上来纸片，现在能吸上来。

我们知道，摩擦使直尺带上了电荷，静电的作用把纸片吸了起来。当然，按牛顿第三定律，力的作用是相互的，这实际是直尺和纸片互相吸引。只不过纸片重量小，直尺的吸引力大于纸片的重力。根据牛顿第二定律，纸片产生了向上的加速度，脱离桌面，粘到直尺上。

那么，问题来了，这些电荷是哪里来的?

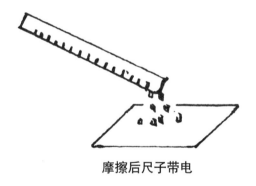

摩擦后尺子带电

看起来，直尺与衣服摩擦之前，都是不带电的。摩擦之后，它们带的电荷是一正一负，符号正好相反。

人们通过长期观察发现，实际是电荷在直尺和衣服之间发生了转移，总量并没有发生变化。人们把这个现象总结为**电荷守恒定律**。

● 电子是如何转移的呢？

随着对物质结构的认识不断深入，人们发现物质通常都是由原子组成的。顺便说一句，著名的美国物理学家理查德·费曼曾经说过："世界是由原子组成的。"

原子包括中心的原子核和外围的电子。电子带负电荷，一个电子带的电荷量就是最小的单位电荷量。而原子核通常由质子和中子组成（氢原子核只有一个质子，没有中子），质子带正电荷，中子不带电。一个质子带的电量跟一个电子相同，只是符号相反。

平时，电子围绕原子核旋转（就像地球绕着太阳旋转一样），所以整个原子表现为电中性，并不带电。但是，在摩擦的作用下，如果从力的角度分析，就是外力使得电子克服了原子核的吸引力，逃逸到另外一个原子核的势力范围内；如果从能量的角度分析，就是摩擦提供给电子能量，使得电子逃脱。

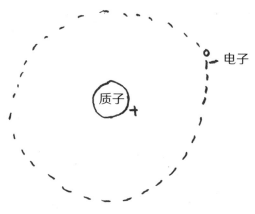

氢原子结构示意图

直尺和衣服互相摩擦，电子发生了转移，直尺和衣服从电中性变成了各自带电状态，一个是电子有富余，一个是电子有欠缺。那么，到底是电子从直尺转移到衣服，还是从衣服转移到直尺呢？好像一切皆有可能，这取决于直尺里的原子核对电子的吸引力和衣服里的原子核对电子的吸引力的相对大小。

　　为了找到答案，那不妨再做一个实验。

　　实际上，丝绸摩擦过的玻璃棒带的电荷是正电荷，毛皮摩擦过的橡胶棒带的电荷是负电荷。同种电荷相互排斥，异种电荷相互吸引（同性相斥，异性相吸）。我们可以拿一根丝绸摩擦过的玻璃棒来跟衣服摩擦过的直尺对峙，如果二者相斥，说明直尺带的是正电荷；如果二者相吸，说明直尺带的是负电荷。

　　小朋友自己动手试一下吧。

划 重 点

1.雷电是一种电流巨大的自然放电过程，非常危险。本杰明·富兰克林通过风筝实验证明了雷电跟摩擦起电是同一类现象。

2.摩擦起电是电子在两个物体之间的转移，使得两个物体带上了异性电荷。一个电子带最小的负电荷单位。

3.电荷总量是保持不变的，这叫作电荷守恒定律。

考考你吧

(1) 丝绸摩擦过的玻璃棒带的电荷是（　　）。

A. 正电荷　B. 负电荷　C. 电子　D. 以上说法都不对

(2) 以下不属于电现象的是（　　）。

A. 雷电　B. 摩擦起电　C. 电眼放电　D. 电鳗放电

(3) 摩擦起电的原因是（　　）。

A. 摩擦创造了电荷

B. 摩擦使原子核发生了转移

C. 摩擦使电子发生了转移

D. 摩擦使原子核和电子都发生了转移

(4) 用与丝绸摩擦过的玻璃棒靠近轻质小球，小球被排斥，说明小球（　　）。

A. 带正电　　B. 带负电

C. 不带电　　D. 可能带负电，也可能不带电

答案：(1) A　(2) C　(3) C　(4) A

你是电，你是光，你是唯一的神话
——电与光

2003 年，流行女团 S.H.E. 发行了一首《Super Star》，这首歌迅速成为年度神曲。其中有一句歌词便是："你是电，你是光，你是唯一的神话。"从物理学的角度看，电跟光其实是亲戚。

前面我们说到电的本质是电子的转移。摩擦起电的物体带的是静电，电子到了物体上就待在那儿不动了。而家用电灯里流过的电子是有方向性的流动，于是形成稳定的电流。电灯发出明亮的光，充满整个房间。

　　大家都知道，白炽灯是发明大王爱迪生发明的。爱迪生为了制造实用的电灯，尝试了几千种材料做灯丝，历尽艰难才成功。据说，他在研制电灯的过程中屡次失败，记者问他的感受，他却说自己成功发现了几千种不适合做灯丝的材料。他说："失败也是我所需要的，它和成功一样，对我很有价值。只有在我知道一切做不好的方法以后，我才知道做好一件工作的方法是什么。"

• 白炽灯通电后为什么能发光呢？

　　白炽灯通电后能发光，是因为电流会产生热效应，我们前面讲过焦耳的研究，也讲过焦耳定律。灯丝在通电后，温度升高，会发热，这个温度可以达到 3000 摄氏度，灯丝进入白热化状态，辐射出白光。所以，灯丝一般用金属钨来制作，因为它的熔点超过 3400 摄氏度。

　　但由于白炽灯的电能大部分转化为热能，只有大约 2% 转化为光能，发光效率太低。为了节约能源，近年来我国已经逐步淘汰白炽灯。现在小朋友在家里看到的可能都是节能灯，想看见白炽灯实物只能去博物馆了。

● 节能灯为什么能节约能源？

为什么节能灯能节约能源呢？实际上，相对于白炽灯来说，节能灯提高了电能转化为光能的比例，降低了电能转化为热能的比例。产生同样的亮度，节能灯的功率比白炽灯的功率低得多，从而达到节能的目的。

跟白炽灯一样，一般的节能灯仍然采用钨作为灯丝。给灯丝通电加热到 1000 摄氏度左右，灯丝开始发射电子，电子撞击灯管里的氩原子，氩原子获得能量后撞击灯管内的汞原子，汞原子获得能量后发生电离，形成等离子态，灯管两端通过等离子体接通电路，发出紫外光，紫外光再激发荧光粉发出可见光。

LED 灯是另外一种流行的灯，LED 是英文 Light Emitting Diode 的首字母缩写，意思是发光二极管。它利用的是半导体的特性，所谓半导体是导电性能介于导体和绝缘体之间的物体。

其中有一种 P 型半导体，它缺少电子，内部形成空穴，其导电是通过电子来填补空穴实现。另一种 N 型半导体有富余电子，其导电通过电子运动实现。把 P 型和 N 型半导体结合起来，在电压作用下电子被推向 P 型半导体，填补空穴，发射出光子。

白炽灯

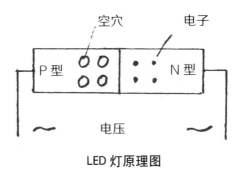

LED 灯原理图

　　LED 灯具有发热量小、节能环保的优点，所以应用也越来越广泛。

• 为什么光可以产生电?

　　从上文我们知道，电可以产生光，反过来，光也可以产生电。1887 年，德国物理学家赫兹偶然发现，电路的间隙里如果受到光照，就可能接通电路，产生电火花。

　　这个现象后来叫作光电效应。简单来说，就是光照的能量输入使得电路里金属表面的电子逃逸出来，连通了电路。

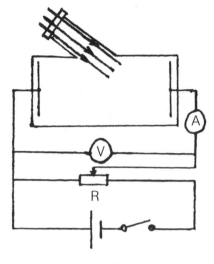

光电效应实验电路图

后来，在 1905 年，伟大的物理学家阿尔伯特·爱因斯坦写了一篇论文《关于光的产生和转化的一个试探性观点》，解释光电效应的原理。

他认为，光是由光量子（简称光子）组成的，光的能量是一份一份由光子传递的。每一个光子的能量为频率 × 普朗克常数。

我们在前面讲光学的时候多次讲过光的频率，相信大家都很熟悉。但当时我们是把光作为一种波动来看待的，而爱因斯坦认为光是一种粒子，大大超出了大家的想象。

按波动理论，只要光照得足够久，就能使金属里的电子获得足够能量，从而逸出，接通电路。但实验发现，光在频率低的时候，并不能把电子从金属里"打"出来，存在着一个电子逸出最低频率。这就跟光的波动理论之间产生了矛盾。爱因斯坦的光量子理论完美解释了实验现象，因此于1921年获得诺贝尔物理学奖。

注意：爱因斯坦并不是因为相对论而获得诺贝尔奖，而是因为对光电效应的解释获得诺贝尔奖。事实上，相对论并没有获得诺贝尔奖。爱因斯坦也不是获得诺贝尔物理学奖次数最多的物理学家，但他毫无疑问是20世纪最伟大的物理学家。所以，小朋友不要单纯以有没有获得诺贝尔奖以及获得诺贝尔奖的次数来评判一位科学家。

据2020年5月18日新华社的消息，中国科学院高能物理研究所公布，国家重大科技基础设施——高海拔宇宙线观测站记录到1400万亿电子伏特的伽马光子，这是人类迄今观测到的最高能量光子，有助于进一步解开宇宙线的奥秘。

那么，1400万亿电子伏特的光子的频率是多少呢？

划 重 点

1. 电可以产生光。白炽灯通过电流的热效应使灯丝达到白热状态，从而发出白光。但白炽灯消耗了大量无用的热能，能源利用效率低，因此近年来逐步被节能灯、LED灯取代。

2. LED 灯是利用 PN 结半导体的特性，电子在电压作用下填补 P 型半导体的空穴，发射出光子。

3. 光也可以产生电。一定频率的光照射金属表面，可以使金属里的电子获得能量逸出，从而接通电路，这种现象叫作光电效应。爱因斯坦提出光量子理论解释光电效应，并得到实验证实。

考考你吧

(1) 以下说法正确的是（　　）。

A. 白炽灯的发光效率很高

B. 节能灯能够节约能源，所以不遵从能量守恒定律

C. LED 灯是利用半导体特性来发光

D. 光电效应是爱因斯坦发现的

(2) 爱因斯坦的科学贡献是（　　）。

A. 创立了相对论

B. 解释了光电效应

C. 发展了量子力学

D. 以上都是

答案：(1) C　(2) D

指南针的秘密——磁

　　小朋友都知道，我国古代的四大发明是造纸术、指南针、火药和印刷术，其中指南针用来确定方向，在军事和航海领域特别有用。

　　传说黄帝大战蚩尤时，蚩尤施法起大雾，黄帝就造了指南车为士兵指明方向。后来人们制造了司南，勺子柄指向南方，这可以说是指南针的雏形。

　　但是，司南的勺子跟盘子之间摩擦很大，影响勺子柄指南的准确度，所以现代人对司南到底能否指南存在争议。

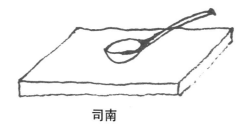

司南

● 沈括对指南针的研究

宋代科学家沈括在《梦溪笔谈》里明确记载了指南针的制作方法，他写道："方家以磁石磨针锋，则能指南；然常微偏东，不全南也。"这里的"方家"不是指"姓方的人家"，而是"行家"的意思。这里描述的指南针跟现代的指南针就很接近了。

此外，沈括还发现了磁偏角的存在，这是世界上关于磁偏角最早的记载，比哥伦布横渡大西洋时发现磁偏角现象早了400多年。

沈括还写道："磁石之指南，犹柏之指西，莫可原其理。"也就是说，沈括虽然发现了指南针指南的现象，但他并不明白其原理。

在沈括那个时代，磁石是指天然存在的磁铁矿石，具有吸引铁、钴、镍的特性。现在我们叫它"吸铁石"。

小朋友应该都玩过吸铁石，它能从沙堆里吸出铁屑。如果在桌面上放一些铁屑，在桌面下来回移动吸铁石，就能指挥铁屑"跳舞"。

像沈括所描述的，拿磁石跟针摩擦，就能让针磁化，变成小磁石，然后针也能够指南。实际上，如果大的磁石放置在光滑的水平面上，它也会指南（想想前面讲的司南摩擦力太大的问题）。所以，沈括为了避免摩擦力的影响，用蚕丝把针悬挂起来，这样就能轻松指南了。

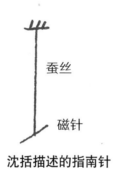

蚕丝

磁针

沈括描述的指南针

● 指南针为什么会指南呢？

指南针指南的原理究竟是什么呢？

因为地球本身是一块巨大的磁石，物理上的术语叫"磁体"，它具有南和北两个磁极（吸引铁、钴、镍能力最强的部位叫"磁极"）。

在地球的周围，存在着磁场。虽然磁场看不见、摸不着，但它也是一种物质。同样，指南针虽然很小，但也具有磁场，有南和北两个磁极。地球正是通过磁场与指南针发生作用的。

磁场和磁场发生作用的基本规律是：同名磁极相互排斥，异名磁极相互吸引。

地球的磁场南极在地理的北极附近，地球的磁场北极在地理的南极附近，所以，指南针就会受到地球磁场的吸引和排斥，指向地理的南方。

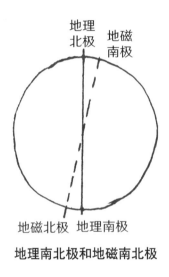

地理南北极和地磁南北极

•"祝融号"在火星上会用指南针吗？

2021年2月15日，我国的"天问一号"着陆巡视器成功登陆火星，搭载的"祝融号"火星车即将在火星上"潇洒走一回"，这是"祝融号"的一小步，却是中国人的一大步。

那"祝融号"在火星上是如何导航的呢？会用指南针吗？

根据目前的研究，科学家认为火星上并没有全球性的磁场，所以指南针不能在火星上发挥作用。于是，"祝融号"自带导航地形相机用于指引方向，也自带火星表面磁场探测仪用于探测火星的磁场。结果如何，让我们拭目以待吧。

同样，地球的卫星月球也没有全球性的磁场。所以，地球有全球性的磁场，实在是人类非常幸运的一件事。

● 电和磁也是"亲戚"吗？

我们知道，在电学里，同种电荷相互排斥，异种电荷相互吸引，这跟磁的规律有相似性。正是这种相似性，引导了科学家研究电和磁的关系。前面我们讲电和光是"亲戚"，那电和磁会不会也是"亲戚"呢？

1820 年 4 月，丹麦物理学家奥斯特在一次演讲时，偶然在导线下方平行放置了一枚磁针，当电源接通，电流通过导线时，他发现磁针发生了偏转。在场的观众并没有注意到这个现象，但是奥斯特立刻意识到，这是一个巨大的发现——电能够生磁！

奥斯特实验：如图所示，将一枚灵活转动的小磁针置于桌面上，在小磁针旁放一条直导线，使导线与电池接触，看看电路连通瞬间小

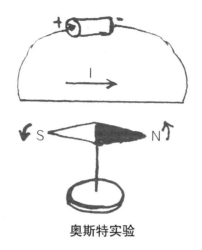

奥斯特实验

磁针有什么变化。

通电的导线成为一个磁体,在周围形成了磁场,跟磁针发生相互作用,磁力使得磁针发生了偏转。

● 电磁作用有哪些应用?

通电导线既然是磁体,它就能吸引铁、钴、镍。利用这个电磁现象,人们制成了电磁铁。方法是把导线螺旋形地绕在一根铁芯上,然后通电。它的磁性比单根通电导线大大加强,大型的电磁起重机能够吊起成吨的钢材。电磁铁只有在通电时才有磁性,磁性的强弱通过控制电流大小来调节。所以,这样就能方便、灵活地设计电磁铁的规格。

天然磁铁的磁性是一直存在的，但很有限。所以小朋友玩吸铁石时，只能用它吸铁屑这样的小玩意儿，而且一旦吸上铁屑，就很难把铁屑从吸铁石上清理下来。电磁铁很方便，只要一断电，它所吸的东西自然就会掉下来。

小朋友，请想一想，电磁铁的磁性强弱除了跟电流大小有关，还跟什么有关呢？

利用这个现象，人们还发明了电动机。前面说过，通电导线和磁针会相互发生磁力作用，通电导线使磁针发生偏转，磁针也同时使通电导线发生偏转（只是通电导线质量大，偏转的效果不明显）。如果把通电导线放在一个较大的磁场里，那通电导线偏转的效果就会比较明显，导线就能运动起来。

从能量的角度看，电动机是将电能转化为机械能的装置。这就是电动机的基本原理。

电动机的应用范围非常广泛，高铁机车、机床、电动汽车、电风扇、电动玩具等都需要电动机来带动。实际的电动机还需要一些细节构造的设计，小朋友可以自行找一些参考资料来学习。

划 重 点

1. 指南针指南的原理。地球存在着全球性的磁场，具有明确的南北方向。同名磁极相互排斥，异名磁极相互吸引，导致指南针在地球磁力的作用下指向南方。

2. 通电的导线周围形成磁场。这个电生磁现象是丹麦物理学家奥斯特于1820年发现的。

3. 电磁铁和电动机都是利用电生磁现象而发明的。电磁铁具有磁性强弱可调的优点，比天然磁铁灵活、方便。电动机是将电能转化为机械能的装置，利用磁力驱动通电导线运动做功。

考考你吧

(1) 以下不属于磁现象的是（　　）。

A. 司南指南　　　　　B. 磁偏角

C. 磁性的声音　　　　D. 吸铁石吸铁

(2) 以下说法正确的是（　　）。

A. 电流能产生磁场

B. 同名磁极相互排斥

C. 在北京，指南针指的南方不是正南方

D. 以上说法都正确

答案：(1) C　(2) D

电磁感应——电与磁

前面我们讲了"电生磁",那自然就容易想到,反过来是不是"磁生电"呢?

为了证明这个猜想,科学家们做了大量的探索,英国物理学家法拉第就是其中的一员。一开始,他认为强大的磁铁能在周围的导线中产生电流,因为奥斯特发现通电就能产生磁场,那磁场反过来就应该能产生电流。但是实验并没有达到预期目的。他没有就此放弃,而是花了十年时间,在经过多次失败之后,终于在 1831 年发现了磁生电的秘密。

　　法拉第在一个铁环两侧绕两个线圈，一个线圈接到电池上，另一个线圈接到电流表上。当他接通线圈的电路时，发现电流表的指针跳动了，说明在线圈里产生了电流。这个现象是在他预料之中的。但是，当他切断线圈的电路时，他惊讶地发现电流表的指针往相反的方向跳动。

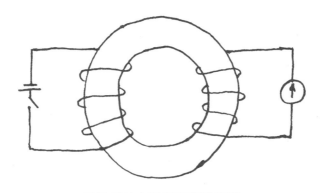

法拉第的电磁感应实验装置

　　经过一番深入思考后，法拉第终于明白：不是磁场产生电流，而是变化的磁场产生电流。于是，他把这种"磁生电"的现象命名为"电磁感应"。

　　那产生的电流跟什么因素有关呢？

　　法拉第想到，既然电路中产生电流，一定是有电压驱动电子做定向运动。于是他提出，磁体周围存在着"力线"（lines of force），这些力线会穿过闭合的电路，当穿过电路的力线数量发生变化时，电路中就会产生电压，从而形成电流。力线数量变化的速度越快，产生的电压越大。这就是**法拉第电磁感应定律**。

法拉第当年提出的"力线"，我们今天把它叫作"磁感线"（Magnetic Induction Line）。一个条形磁铁的磁感线大致是下图这样的。

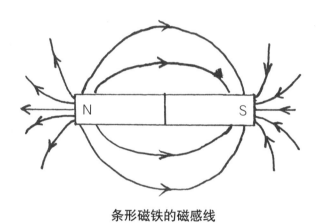

条形磁铁的磁感线

磁感线都是从磁体的北极（N）出发，回到南极（S），曲线上每一点的切线方向代表着该点的磁场方向。如果把小磁针放在那个点，小磁针的北极就指向磁场方向。

• 法拉第线圈实验的启示

回头来分析法拉第的线圈实验，当电池的电路断开时，电流表线圈中没有磁场，力线数量为零。在接通电池电路的瞬间，产生了磁场，穿过电流表线圈中的力线数量不再为零。

在很短的时间内，穿过电流表线圈的力线发生了显著变化，所以就产生了明显的电压，形成电流，通过电流表，使其指针跳动。

这种现象是短暂的，当电池电路稳定后，磁场稳定，穿过电流表线圈的力线数量保持不变，就不会产生电压，电流表指针就恢复原位了。反过来，当电池电路切断，磁场消失，穿过电流表线圈的力线数量变为零，于是产生反方向的电压，使电流表指针反向跳动。同样，这个现象是短时间的，电压随即消失，电流表指针又恢复原位。

正是由于电路通断导致的电磁感应是短时间发生的事情，观察的时间窗口稍纵即逝。

历史上就有科学家把电流表和通电线圈放在两个房间里，他来回跑着观察有没有电流出现。当然，他与发现电磁感应失之交臂了。他的想法也有一定的道理，将电流表和通电线圈隔开是为了避免通电线圈对电流表的干扰。

• 发电机为什么能发电？

根据电磁感应现象，法拉第发明了世界上第一台发电机。如图所示，在铜盘边缘 A 点、圆心 O 点和电流表组成的回路里，由于铜盘绕圆心 O 点旋转，通过回路的磁感线数量会不断发生变化，于是 A 和 O 之间产生电压，形成感应电流。

后世的发电机虽然构造跟法拉第的发电机有所不同，但基本的原理是一样的，都是利用电磁感应现象，将机械能转化为电能。只不过驱动发电机的转子的动力可能来自水、火、风等。

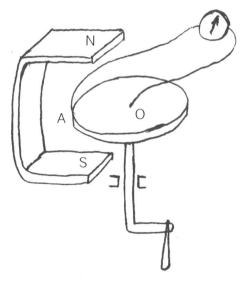

法拉第发明的世界上第一台发电机

在法拉第的发电机中，只要反过来在铜盘中通电，就能让铜盘旋转起来，那发电机就变成了电动机。

从能量的观点看，不同形式的能量可以互相转化。

法拉第发现变化的磁场产生电场，当时一个年轻的苏格兰人麦克斯韦在法拉第的启发下，认为变化的电场能产生磁场。他进一步大胆推测，磁场产生电场，这个电场又产生磁场，如此交替变化，由近及远，就形成了电磁波。于是，他建立起一套完整的电磁场理论，并预言了电磁波的存在，认为电磁波的速度等于光速，光就是一种电磁波。

麦克斯韦建立了电磁学的理论大厦，他的伟大贡献得到了爱因斯坦的极高评价。1931年，麦克斯韦100周年诞辰时，爱因斯坦评论麦克斯韦的工作为"牛顿以后最深刻和最富有成果的工作"。

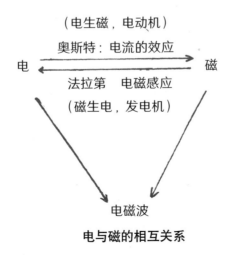

电与磁的相互关系

可惜的是，麦克斯韦英年早逝。在他去世 8 年之后，德国物理学家赫兹终于在实验室制造出了电磁波，验证了麦克斯韦的伟大预言。人类也从此进入无线电时代。

划 重 点

1.电磁感应现象。法拉第经过十年艰苦研究发现：磁生电的奥秘是变化的磁场产生电流。他提出"力线"的概念描述磁场的方向，现在我们把力线叫作磁感线。

2.发电机的基本原理。法拉第利用电磁感应现象发明了世界上第一台发电机，将机械能转化为电能。后世的发电机虽然构造不同，但基本原理跟法拉第的发电机是一样的。

3.电磁波的预言和发现。麦克斯韦在法拉第的启发下，建立了完整的电磁场理论，并预言了电磁波的存在。后来赫兹在实验室终于制造出电磁波，开启了无线电时代。

考考你吧

(1) 以下说法正确的是 (   )。

A. 法拉第发现了电磁感应现象

B. 法拉第发明了世界上第一台发电机

C. 麦克斯韦预言了电磁波的存在

D. 以上说法都正确

(2) 以下说法错误的是 (   )。

A. 力线是法拉第提出的

B. 只要磁场够强，就能产生感应电流

C. 赫兹在实验室制造出了电磁波

D. 光是一种电磁波

答案：(1) D   (2) B